Young Rewired State_

DIE JAGD NACH DEM CODE

PROGRAMMIEREN FÜR KINDER

KNESEBECK

INHALT

<!DOCTYPE html>
<html>
<head>
<title>Der
Mönchsdiamant</title>
</head>
<body>
Gestohlener Diamant
gefunden!
<script>
var diamond = 300;
alert(diamond);
</script>
</body>
</html>

ÜBER DIESES BUCH

Hallo! Wir heißen Young Rewired State und sind eine weltweit agierende Truppe digitaler Produzenten und alle unter 18. Wir haben dieses Buch geschrieben, weil wir wollen, dass du später mal ein Technologiestar wirst. Wir hoffen, dass du in *Die Jagd nach dem Code* nicht nur zu programmieren lernst, sondern auch erfährst, wie toll das ist! Programmieren ist eine der wichtigsten Sachen, die junge Leute lernen können. Also fang am besten gleich an.

Was lernst du in diesem Buch?

Hier erfährst du, wie du in drei wichtigen Sprachen programmieren kannst: HTML, CSS und JavaScript. Du kannst einem Computer fast alles beibringen, aber zuerst muss jemand ein Programm schreiben, das er befolgen kann. Programme müssen in einer Sprache sein, die ein Computer versteht. Beim Coding (Programmieren) geht es darum, Programme in diesen Sprachen zu schreiben.

HTML, CSS und JavaScript sind drei der wichtigsten Programmiersprachen der Welt. Mit ihnen erstellen Webentwickler die Websites, Internet-Apps und Spiele, die du jeden Tag nutzt. In diesem Buch lernst du, wie du in diesen Sprachen Code schreibst und Programme erstellst. In diesem Buch lernst du richtiges Programmieren, damit du alle möglichen Programme schreiben kannst.

Young Rewired State_

Mehr über Young Rewired State:
www.yrs.io

Die Internetseite **www.getcodingkids.com** bietet dir noch zusätzliche Hilfe beim Programmieren. Sie ist auf Englisch und sollte für dich, wenn du Englisch in der Schule hast, verständlich sein. Falls du was nicht verstehst, bitte deine Eltern um Hilfe.

Das findest du im Buch

In den sechs Kapiteln in diesem Buch findest du jeweils eine Mission, die dir alle wichtigen Programmierfähigkeiten in HTML, CSS und JavaScript vermittelt. Arbeite sie durch, um mit deinen neuen Skills die Missionen abzuschließen. Du machst hier die Bekanntschaft mit Prof. Bairstone, Dr. Day und Ernesto, die deine Hilfe brauchen, um einen wertvollen Diamanten zu beschützen.

Was brauchst du?

Du brauchst nur einen Computer (PC oder Mac) mit Internetverbindung.

Wir hoffen, das Buch macht dir Spaß und Lust aufs Coding!

Twittere uns: @youngrewired #GetCoding
Du findest uns auch auf YouTube, Facebook und Instagram

EINFÜHRUNG: PROGRAMMIEREN

Computer sind für unser Leben sehr wichtig. Wir nutzen sie für alles Mögliche. Vielleicht hast du schon mal Laptops, PCs oder Tablets benutzt. Aber auch Smartphones sind Computer. Und Computer gibt es auch in Geldautomaten, Waschmaschinen, Konsolen und Autos. Diese Computer sehen verschieden aus und arbeiten unterschiedlich, haben aber eines gemeinsam: Sie folgen bestimmten Anweisungen (Programmen), um Aufgaben zu erfüllen.

Perfekt programmieren

Computer sind elektronische Geräte, die Infos verarbeiten. Sie füllen ein ganzes Zimmer aus oder passen in winzige Geräte und lösen viele komplexe Aufgaben. Computer bestehen aus Hardware (die Teile vom PC, die du anfassen kannst) und Software (kannst du nicht anfassen). Computer brauchen Software, weil sie sonst nicht denken oder handeln. Sie müssen die Software-Befehle im Programm ganz genau befolgen. Programme sind in Sprachen geschrieben, die der Computer versteht. Das Schreiben von Programmen nennt man Programmieren (Coding). Du kannst Programme für alle möglichen Sachen schreiben. Vielleicht hast du schon mal was hiervon ausprobiert:

- Facebook
- Google
- iTunes
- Microsoft Word
- Minecraft
- YouTube

Jeden Tag nutzt du Programme. Wenn du bei Facebook einen Freund suchst, eine SMS schickst, eine Mikrowelle benutzt oder eine DVD abspielst - alles Computerprogramme. Tatsächlich kannst du Programme schreiben, die Computer praktisch alles machen lassen. Wer Programme schreibt, nennt sich Softwareentwickler oder Programmierer. Programmierer schreiben Code in verschiedenen Sprachen (hängt von der Art des Programms ab, das sie brauchen).

Programmiersprachen

Man kann in vielen Sprachen programmieren. Computer verstehen mehrere Sprachen gleichzeitig. Also werden Programme oft in verschiedenen Sprachen geschrieben. Die Aufgabe des Programmierers besteht darin, die beste Sprache für das gewünschte Programm zu finden, weil die Programmiersprachen für verschiedene Zwecke unterschiedlich gut arbeiten. Jede Sprache hat ihre Vor- und Nachteile. Einige häufige Sprachen findest du in dieser Liste.

- **Mit C und C++ kann man Betriebssysteme für deinen PC erstellen.**
- **Mit C#, Java, PHP und Ruby werden Websites erstellt.**
- **Mit C#, Java and Objective-C werden Apps für PCs und Smartphones geschrieben.**
- **Mit SQL holt man Infos aus Datenbanken.**

Vielleicht hast du schon in der Schule mit Programmiersprachen wie Scratch oder Python gearbeitet. Scratch besteht aus farbigen Codeblöcken, die man zusammensetzt, um Programme zu erstellen. Das ist toll für kleine Spiele und Animationen. Python besteht aus Text. Das heißt, man schreibt Programme, indem man jede Anweisung als Code in den Computer tippt. Programme wie Instagram sind in Python geschrieben.

In diesem Buch lernst du, mit den folgenden drei Programmiersprachen zu arbeiten: HTML, CSS und JavaScript. Mit diesen Sprachen kannst du Programme erstellen, die im Internet laufen. Du wirst eine Website, eine App, ein Spiel und viele andere Programme schreiben, die in deinem Browser laufen.

CODE-WÖRTER

App steht für Applikation (Programm). Apps verwendet man meist für bestimmte Aufgaben, z. B. Texte schreiben oder mailen.

CODING UND INTERNET

Ein riesiges Netzwerk verbindet viele Computer weltweit. Es wird Internet genannt. Darüber nutzen wir sekundenschnell Infos gemeinsam mit anderen. Vielleicht warst du schon mal auf Websites oder hast Videos angesehen, Emails geschickt, Musik gehört oder ein Game gespielt. Aber wusstest du, dass du mehrere Computerprogramme nutzt, wenn du im Internet unterwegs bist? Browser sind Programme auf unserem Computer. Sie verbinden sich übers Internet mit anderen Programmen auf Webservern, um Informationen schnell und einfach zu teilen.

World Wide Web

Das Internet besteht aus vielen kleineren Netzwerken. Das World Wide Web (oder einfach „das Netz") ist ein Netzwerk aus vielen Computern, die täglich von Millionen genutzt werden. Das Netz besteht aus vielen einzelnen Webseiten.

Eine Webseite ist eine Datei, die von einem Programmierer geschrieben wurde. Webseiten sind praktisch alle in der gleichen Sprache geschrieben: HTML. HTML enthält die Infos, die dein Computer braucht, um eine Webseite auf dem Bildschirm darzustellen. Wenn Webseiten zusammengehören, nennt man dies eine Website. Du gehst mit sogenannten Browsern auf die Webseiten.

Browser

Browser sind Programme, mit denen man Webseiten ansehen kann. Vielleicht hast du schon mal von Google Chrome, Microsoft Internet Explorer, Safari oder Mozilla Firefox gehört. Damit kannst du alle möglichen Websites besuchen. Dein Browser nutzt die Webadresse, um die von dir gesuchte Seite im Netz zu finden. Dann greift er auf die Infos der Webseite zu und nutzt dazu ein anderes Programm, den Webserver.

Webserver

Server sind Computer, die andere mit Infos versorgen. Ein Webserver ist entweder eine Hardware (ein Computer) oder eine Software (ein Programm), das die Webseite an deinen PC liefert. Um auf eine Webseite zuzugreifen, muss dein Browser auf den Webserver dieser Seite gehen. Das Programm auf dem Webserver findet dann die von deinem Browser gewünschte Webseite. Dann sendet es diese Seite als HTML-Code an deinen PC.

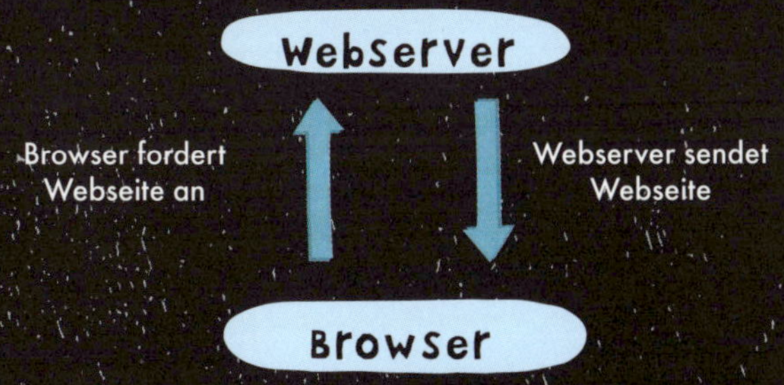

Webadressen

Webadressen (auch URLs genannt) sind für den Browser sehr praktisch, um den gewünschten Webserver und die HTML-Seite im Netz zu finden. Im Internet gibt es Millionen Websites. Jede muss eine einmalige Adresse haben, sonst findet dein Browser nicht die gewünschte. Eine solche Adresse ist immer aufgeteilt. Jeder Teil verrät deinem Browser eine Info:

So weiß der Browser, er soll den Server kontakten.

Hier erfährt der Server, dass dein Browser eine HTML-Datei haben will.

http://www.ichbineineinternetadresse.com/hallo.html

Hier liest der Browser, welcher Webserver das ist.

Webseiten

Schickt der Webserver deinem Browser eine Webseite, überträgt er ein HTML-Dokument. Darin stehen Infos in Form von HTML-Elementen (Texte, Bilder) und genaue Hinweise, wie der Browser sie auf dem Bildschirm zeigen soll.

Ein Browser liest diese Anweisungen im HTML-Code. Beim Entschlüsseln der Anweisungen zeichnet der Browser jedes Element auf den Bildschirm. Ein HTML-Dokument kann nur aus wenigen Wörtern bestehen. Das einfachste Dokument hat nur wenige Codezeilen und sieht so aus:

```
<!DOCTYPE html>
<html>
<head>
  <title>Get Coding!</title>
</head>
<body>
  Bereit fürs Coding?
</body>
</html>
```

HTML-Element

Oder es enthält andere Sprachen, z. B. CSS und JavaScript.

WEBSEITEN PROGRAMMIEREN

Die drei häufigsten Programmiersprachen der Welt sind HTML, CSS und JavaScript. Mit diesen Sprachen erstellst du Webseiten und webbasierte Apps. Kombinierst du sie, kannst du Webseiten erstellen, die nicht nur toll aussehen, sondern auch interaktiv sind. In diesem Buch lernst du, mit diesen Programmiersprachen zu arbeiten.

HTML

Heute sind fast alle Webseiten mit HTML (HyperText Markup Language) geschrieben. HTML wurde Anfang der 1990er-Jahre von Tim Berners-Lee erfunden. Mit HTML kannst du deine Webseite sehr gut strukturieren. HTML-Dokumente bestehen aus einzelnen HTML-Elementen. Diese Elemente werden durch öffnende und schließende Tags erstellt. Jedes „Tag" ist der Name des Elements in spitzen Klammern (<>). Dazwischen kommt der Inhalt. Jedes HTML-Tag ist eine Anweisung für den Browser, wie der Inhalt auf dem Bildschirm aussehen soll. Mit Tags kannst du Text, Bilder und Videos auf die Webseite setzen und Infos in Abschnitte gruppieren, z. B. Zeilen oder Absätze.

CSS

Die Programmiersprache CSS (Cascading Style Sheets) nutzt HTML, damit deine Webseite toll aussieht. HTML selbst ist sehr langweilig anzusehen. Also nimmst du CSS, um die Schriftfarbe und -Art sowie Position von Text und Bildern zu gestalten. Mit CSS kannst du Text kleiner oder größer machen, die Hintergrundfarbe ändern oder ein Bild mitten auf die Seite setzen.

JavaScript

JavaScript ist eine sehr wichtige Programmiersprache, denn sie macht Webseiten interaktiv und lebendig. Solche Webseiten verändern sich, wenn du etwas darauf machst. Willst du also eine Schaltfläche anklicken oder einen Hinweis erscheinen lassen, brauchst du JavaScript. Ohne JavaScript, nur mit HTML und CSS, sieht deine Seite toll aus, reagiert aber nicht auf den User.

CLEVERE PROGRAMMIERER

Ada Lovelace (1815–52)
schrieb 1843 das erste Computerprogramm der Welt.

Grace Hopper (1906–92)
schuf den ersten Compiler der Welt. Der Compiler verwandelt von Menschen lesbaren Code in Computersprache.

Alan Turing (1912–54)
war ein Mathematiker, der die Grundlagen für die heutige Computerwissenschaft legte.

Tim Berners-Lee (*1955)
ist der Computerwissenschaftler, der das World Wide Web und die HTML-Programmiersprache erfand.

Paul Allen (*1953)
und **Bill Gates** (*1955)
gründeten die Technologiefirma Microsoft und erfanden das Betriebssystem Microsoft Windows.

Brendan Eich (*1961)
erschuf die Programmiersprache JavaScript.

Sergey Brin (*1973)
und **Larry Page** (*1973)
sind Computerwissenschaftler und Internetunternehmer, die die Suchmaschine Google mitbegründeten.

Markus Persson (*1979)
ist der Spieleprogrammierer, der Minecraft erfunden hat.

Mark Zuckerberg (*1984)
ist Programmierer und Internet-Unternehmer, der Facebook mitgegründet hat.

IN DIESEM BUCH

In diesem Buch gibt es sechs spannende Missionen. Deine Aufgabe ist es, jede Mission durchzuarbeiten. So lernst du, in HTML, CSS und JavaScript zu programmieren. Deine neuen Coding-Skills nutzt du dann, um dem mutigen Forscher Professor Bairstone und der Wissenschaftlerin Dr. Day zu helfen. Sie haben auf einer Expedition nämlich den wertvollen Mönchsdiamanten entdeckt und brauchen dich, um ihn zu schützen.

Missionsbeschreibung

Zu Beginn jeder Mission bekommst du eine Beschreibung von Prof. Bairstone oder Dr. Day. Du nutzt dann dein Wissen übers Coding, um eine Aufgabe zu erfüllen. Die Aufgaben sind: eine Webseite und ein Passwort zu erstellen, eine App zu programmieren, eine Route zu planen, ein Spiel und eine Website zu bauen.

Enzyklopädie der Entdecker

Mehr über Prof. Bairstone, Dr. Day und den Mönchsdiamanten erfährst du nach den Missionen aus den Einträgen der Enzyklopädie der Entdecker. Diese Infos brauchst du zum Erfüllen der Aufgaben.

Mönchs-diamant

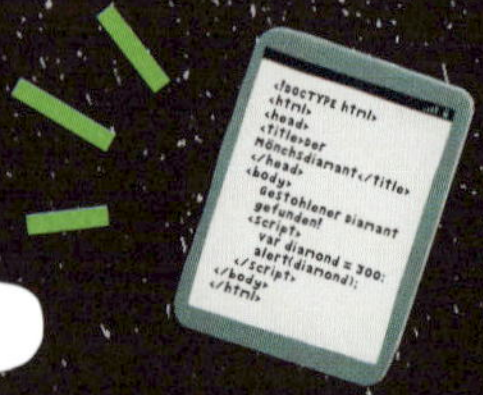

Code-Skills

Am besten lernst du Programmieren durch Üben! Zuerst wirkt Coding abschreckend, weil du spezielle Wörter und Symbole lernen musst. Aber bald werden sie dir vertraut sein, und du weißt, wie du in den Programmiersprachen schreibst. Um zu wissen, wie jedes neue Stück Code funktioniert, bekommst du in jeder Mission Übungen für deine Code-Skills. Folge den Anweisungen in den Übungen schrittweise, und du lernst immer neue Code-Skills.

Eigene Aufgaben

Am Ende jeder Mission kommt eine Aufgabe, in der du deine Code-Skills anwendest und die Mission vollendest. Die Zukunft des Mönchsdiamanten liegt in deiner Hand!

CODE-SKILLS

Bevor du den Auftrag für Mission 1 bekommst, musst du noch ein paar wichtige Code-Skills lernen. Diese Skills brauchst du im Buch immer wieder. Darum präge sie dir ein. Du kannst auf einem PC oder einem Mac programmieren, aber abhängig vom Betriebssystem musst du die HTML-Datei unterschiedlich erstellen und speichern.

CODE-SKILL 1 ▶ ORDNER ERSTELLEN

Du brauchst einen Ort auf deinem PC, wo du alle HTML-Dateien speichern kannst. Erstelle auf dem Desktop einen Ordner namens **Coding**. Es ist wirklich wichtig, alle HTML-Dateien am gleichen Ort zu speichern. Achte also darauf, diesen Ordner für alle Missionen zu nehmen.

PC	Du klickst mit rechts auf den Desktop, wählst *Neu* und dann *Ordner*. Diesen Ordner nennst du **Coding**.
Mac	Drücke die *Cmd*-Taste, klicke auf den Desktop und wähle *Neuer Ordner*. Diesen Ordner nennst du **Coding**.

CODE-SKILL 2 ► EINE HTML-DATEI ERSTELLEN

Damit du programmieren kannst, musst du wissen, wie man eine HTML-Datei erstellt. Programmierer nehmen dazu meist spezielle Software. Aber auf jedem Computer sind Textprogramme, mit denen du auch HTML-Dateien schreiben kannst.

PC

Mac

Auf einem PC nimmst du Wordpad. Beim Mac nimmst du TextEdit.
Auf dem PC: Tippe „Wordpad" im Start-Menü ins Suchfeld ein.
Auf dem Mac: Tippe in der Spotlight-Lupe oben rechts „TextEdit" ein. Öffne TextEdit und mache Folgendes:

- Richte deine Datei als reinen Text ein (also nicht irgendwie formatiert). Dafür gehst du in der Menüleiste auf *Format* und wählst *In reinen Text umwandeln*.
- Gehe auch auf *TextEdit* in der Menüleiste. Wähle *Einstellungen*. Im Reiter *Neues Dokument* im Bereich *Format* muss der Punkt *Reiner Text* aktiviert sein. Im Bereich *Optionen* muss der Punkt *Intelligente Anführungszeichen* deaktiviert sein.
- Im Reiter *Öffnen und Sichern* bei den *Einstellungen* musst du *Formatierungsbefehle in HTML-Dateien ignorieren* deaktivieren.

CODE-SKILL 3 ► HTML-DATEI SPEICHERN

Wenn du die HTML-Datei zum ersten Mal speicherst, musst du darauf achten, dass sie als Endung .html hat. Dein Computer achtet auf die Dateiendung, wenn er Dateien öffnet. Wenn du an den Dateinamen .html dranhängst, weiß er, dass diese Datei im Browser zu öffnen ist.

PC

Auf einem PC geht das so:

- Geh auf *Datei* und wähle *Speichern unter*.
- Wähle den Ordner **Coding** als Ziel, in dem die Datei gespeichert werden soll.
- Wähle einen Dateinamen, z. B. Mission1, und tippe ihn ins Feld *Dateiname*.
- Nach dem Namen tippst du **.html**. Also lautet der Dateiname **Mission1.html**. Klicke auf *Speichern*.

Mac

Auf einem Mac geht das so:

- Geh auf *Ablage* und wähle *Sichern*.
- Wähle den Ordner **Coding** als Ziel, in dem die Datei gespeichert werden soll.
- Wähle einen Dateinamen, z. B. Mission1, und tippe ihn ins Feld *Sichern unter*.
- Nach dem Dateinamen tippst du **.html**. Also lautet der Dateiname **Mission1.html**.
- Achte darauf, dass als Dateiformat *Reiner Text* angegeben ist. Klicke auf *Sichern*.

CODE-SKILL 4 ► HTML-DATEI ÖFFNEN

Damit du deinen Code auf dem Bildschirm sehen kannst, musst du die HTML-Datei im Browser öffnen. Dann kannst du bei Bedarf zum Textprogramm wechseln, um den Code zu bearbeiten.

PC

Auf einem PC geht das so:

- Speichere die Datei wie in Code-Skill 3 beschrieben.
- Öffne den Coding-Ordner auf dem Desktop. Doppelklicke auf die HTML-Datei.
  Dann wird sie im Browser geöffnet.
- Willst du den Code bearbeiten, klicke mit rechts auf die HTML-Datei im Coding-Ordner. Wähle *Öffnen mit* und Wordpad.

Mac

Auf einem Mac geht das so:

- Speichere die Datei wie in Code-Skill 3 beschrieben.
- Öffne den Coding-Ordner auf dem Desktop.
  Doppelklicke auf die HTML-Datei zum Öffnen im Browser.
- Zum Bearbeiten klicke mit rechts auf die HTML-Datei im Coding-Ordner. Wähle *Öffnen mit* und TextEdit.

Mission 1

ERSTELLE EINE WEBSEITE

- WAS IST HTML UND WIE FUNKTIONIERT ES?
- ERSTELLE EINE EINFACHE HTML-SEITE
- FÜGE TEXT UND BILDER AUF DEINER SEITE EIN
- LERNE, DEINE WEBSEITE MIT CSS ZU GESTALTEN

Missionsauftrag 1

Lieber Coder,

Wir sind uns noch nicht begegnet, aber ich bin sicher, dass du meinen Namen kennst. Ich bin der berühmte Entdecker Professor Harry Bairstone. Ich maile dir, weil ich dringend deine Hilfe brauche.

Ich bin gerade mit der Top-Forscherin Dr. Ruby Day und meinem Hund Ernesto auf einer Expedition in den sibirischen Bergen. Unser Ziel war, prähistorische Fossilien zu finden. Doch wir haben eine sensationelle Entdeckung gemacht.

Wir untersuchten eine Höhle, als Ernesto plötzlich zu bellen begann und an einem Felsen schnüffelte. Wir betrachteten den Stein genauer und sahen, dass etwas in einem Spalt versteckt war. Dr. Day zog den Gegenstand raus. Es war ein in Wachstuch gehülltes kleines Kästchen. Beim Öffnen traute ich meinen Augen nicht.

Darin war der legendäre Mönchsdiamant! Wie du sicher weißt, wurde er vor einigen Jahren bei einem kühnen Raubzug in Moskau gestohlen und war bis heute verschollen. Unser Fund hat große internationale Bedeutung.

Mit meinen Notfallbatterien können wir immer nur kurz ins Internet. Dr. Day und ich hoffen, dass du uns mit deinen Code-Skills hilfst und eine Webseite über unsere Entdeckung erstellst.

Ich hänge einen Auszug aus der Enzyklopädie der Entdecker über die spannende Geschichte des Mönchsdiamanten an. Die kannst du in die Webseite einbauen. Wir informieren die Welt anhand dieser Seite über den Fund, sobald wir in Moskau eintreffen.

Danke für die Hilfe bei dieser Mission! Das wird fantastisch!

Ganz liebe Grüße aus den kalten Bergen,
Professor Harry Bairstone

ENZYKLOPÄDIE
DER ENTDECKER
Handbuch für Abenteurer

Homepage
Inhalt
Neueste Entdeckungen
Berühmte Abenteurer
Historische Expeditionen

Mönchsdiamant

Aus der Enzyklopädie der Entdecker, dem Handbuch für Abenteurer

Dieser Eintrag behandelt den Mönchsdiamanten. Andere Juwelen siehe Diamanten.

Der **Mönchsdiamant** gehört zu den seltensten und wertvollsten Diamanten der Welt und ist berühmt für seine grüne Farbe. Er wurde 1880 entdeckt. 1889 erwarb ein russischer Adliger ihn für seine Frau.

Während der Russischen Revolution wurde er aus dem Palast des Adligen in St. Petersburg gestohlen. Die nächsten 30 Jahre war der Diamant verschollen. 1947

Prof. Bairstones Fakten

Mönchsdiamant

Alter:	über 1 Mio. Jahre
Farbe:	grün
Schliff:	oval
Karat:	300
Reinheit:	makellos
Wert:	über 10 Mio. €

tauchte er in Moskau bei einer Polizeirazzia gegen eine kriminelle Gruppe wieder auf und wurde der Familie des Adligen zurückgegeben.

Dessen Sohn war der Ansicht, der Mönchsdiamant bringe Unheil, und verkaufte ihn an Juwelier Volkov, den Besitzer des ältesten Juwelierhauses in Moskau. Volkov zahlte eine unbekannte Summe für das Juwel, doch Gerüchten zufolge soll es sich um den höchsten je erzielten Preis für einen Diamanten gehandelt haben.

Der Mönchsdiamant wurde in der privaten Sammlung ausgestellt, aber vor einigen Jahren bei einem abenteuerlichen Einbruch gestohlen. Trotz intensiver Nachforschungen und hoher Belohnung konnte die Polizei die Schuldigen nicht ermitteln, und der Fall blieb ungelöst.

Als Täter wurden die Gebrüder Bond verdächtigt. Dieser internationalen Bande Juwelendiebe werden zahlreiche professionelle Diebstähle zugeschrieben. Einer Theorie des Entdeckers Professor Bairstone zufolge wurde der Mönchsdiamant von den Gebrüdern Bond aus Moskau geschmuggelt und irgendwo in Russland versteckt. Er nimmt an, dass „die Diebe abwarten, bis sie den Diamanten ohne Probleme auf dem Schwarzmarkt verkaufen können."

CODING MIT HTML

Nun kennst du die Aufgabe für diese Mission, und es kann losgehen. Um die Website für den Professor zu bauen, lernst du zuerst HTML (HyperText Markup Language) schreiben. Mit dieser Sprache erstellen Programmierer Websites. Der Browser bekommt so seine Anweisungen. Mit HTML fügst du Texte und Bilder auf einer Webseite ein. Damit kannst du Infos in Zeilen, Absätze oder Abschnitte gruppieren. Eine HTML-Seite nennt man Dokument.

Sie besteht aus HTML-Elementen. Elemente werden durch Code erstellt, den sogenannten Tags (englisch für „Etikett"). Tags erscheinen fast immer in Paaren und fassen alle Seiteninhalte ein (z. B. Text oder ein Bild). Jedes Tag stellt dem Browser Infos bereit und sorgt für die Darstellung des Elements auf dem Bildschirm. Durch Tags weiß der Browser, wie er Inhalte darstellen soll.

HTML-Tags

Jedes Tag besteht aus Code, der in zwei Spitzklammern (< >) gesetzt wird.
Diese spitzen Klammern findest du unten links auf der Tastatur.
Hier kommt ein Beispiel für ein Tag:

```
<p>Prof. Bairstone und Dr. Day entdeckten den Mönchsdiamanten.</p>
```

Start-Tag

End-Tag

Dies ist das Absatz-Tag <p>. Bei den paarweisen Tags ist das erste das Start- und das andere das End-Tag. Das End-Tag erkennst du am Schrägstrich (/). Liest dein Browser diesen Code, kapiert er, dass er den Text zwischen Start- und End-<p>Tag in einen Absatz gruppieren soll.

Um eine Webseite zu schreiben, erstellst du eine HTML-Datei in einem Textprogramm. Der Browser erwartet bei den Tags eine bestimmte Reihenfolge. Die Tags, die für die komplette Seite gelten, musst du zuerst schreiben. Dann kommen die Tags mit Anweisungen über bestimmte Inhalte der Seite.
Tags können auch verschachtelt in anderen Tags stehen. Du musst nur dran denken, alle Tags auch wieder zu schließen.

Schauen wir uns die HTML-Tags an, die du für eine einfache Seite brauchst. Mit diesen Tags erstellst du eine Webseite mit einem Titel und etwas Text. Jedem Tag kann der Browser jeweils andere Infos entnehmen:

<!DOCTYPE html>

Dies nennt man die <!DOCTYPE>-Deklaration, die immer in der ersten Zeile einer HTML-Datei steht. So weiß der Browser, welche HTML-Version die Seite hat. Es ist kein HTML-Tag, wird in Großbuchstaben geschrieben und braucht kein End-Tag.

<html>

Dies ist das <html>-Tag und sagt dem Browser, dass die Seite in HTML programmiert ist.

```
<!DOCTYPE html>
<html>
<head>
  <title>
    Mönchsdiamant gefunden
  </title>
</head>
<body>
  <p>Prof. Bairstone und Dr. Day
entdeckten den Mönchsdiamanten.</p>
</body>
</html>
```

<head>

Dies ist das <head>-Tag. Darin sind Inhalte, die nicht im Hauptbereich (<body>) stehen, z.B. der Titel. Hier kannst du auch Instruktionen schreiben, die der Browser auf die Seite insgesamt anwenden soll.

<title>

Das <title>-Tag kommt ins <head>-Tag. Der Inhalt zwischen den Tags erscheint nicht im Hauptbereich der Seite. Er steht im Titel des Browserfensters, wenn du die Seite öffnest.

<body>

Der gesamte Inhalt, der auf der Webseite zu sehen sein soll, kommt ins <body>-Tag. Wenn die Datei im Browser geöffnet wird, erscheint also der Text über den Mönchsdiamanten auf dieser Seite.

<p>

Dies ist das Absatz-Tag. Der Text zwischen Start- und End-Tag wird in Absätze gruppiert.

Wenn du den Code aus dem Textprogramm speicherst und im Browser öffnest, dekodiert er das HTML und gibt auf dem Bildschirm eine solche Webseite aus:

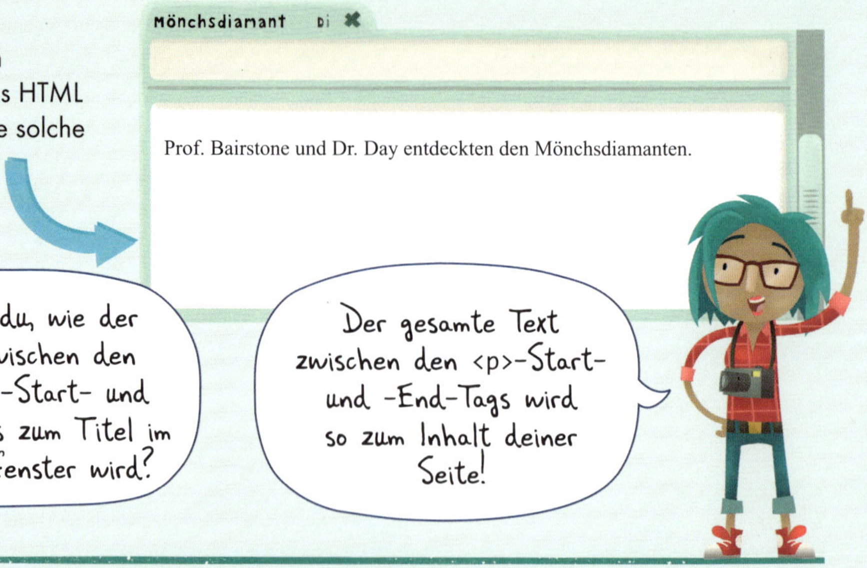

HTML schreiben

Nun kennst du HTML-Tags und weißt, wie du damit arbeitest. Also setze sie nun ein. Am besten lernst du neuen Code, wenn du übst, ihn zu schreiben. In diesem Buch findest du viele Code-Skills. Folge den Anweisungen in den Übungen, und du lernst alle Skills. Superwichtig dabei ist, dass der Code so korrekt wie möglich ist. Ist nur ein Buchstabe falsch oder fehlt nur ein Symbol, funktioniert er nicht, weil der Browser den Code nicht versteht. Wenn ein Programm mal nicht funktioniert, solltest du erstmal Folgendes prüfen:

- Dass keine Tags fehlen oder in falscher Reihenfolge stehen
- Dass dein Code keine Tipp- oder Schreibfehler hat
- Dass im Code die Groß- und Kleinschreibung korrekt ist
- Dass die nötigen Symbole enthalten und in richtiger Reihenfolge sind
- Dass die Anführungszeichen so " " geschrieben sind und nicht so „ “
- Dass alle Tags mit dem Schrägstrich (/) geschlossen wurden
- Dass dein Textprogramm die Datei als HTML gespeichert hat (**.html**)

1

CODE-SKILLS ► HTML SCHREIBEN

Mit HTML-Tags schreiben wir nun eine einfache Webseite. Folge diesen Schritten, um zu lernen, HTML-Seiten mit Titel und Text zu strukturieren.

1. Öffne deinen Texteditor. Gehe zum Code-Skill 2 auf S. 14, falls du dich nicht mehr so gut erinnerst.

2. Tippe diesen Code in dein Textprogramm:

```
<!DOCTYPE html>
<html>
<head>
  <title>Der Mönchsdiamant</title>
</head>
<body>
  <p>Der Mönchsdiamant ist ein
seltenes Juwel.</p>
</body>
</html>
```

Achte darauf, den Code korrekt zu kopieren. Dein Browser kann den Code nicht lesen, wenn er fehlerhaft ist.
Die <!DOCTYPE>-Deklaration muss in Großbuchstaben sein, und das letzte Tag lautet immer </html>. Prüfe, ob jedes Tag mit einem Schrägstrich (/) beendet wurde.

3. Speichere die Datei im Ordner **Coding** als HTML-Datei (**.html**). Nenne sie **webpagetemplate.html**. Lies die Code-Skills 1 + 3 auf Seite 13 + 14, falls du unsicher bist.

4. Öffne die HTML-Datei im Browser. Schaue beim Code-Skill 4 auf Seite 15 nach, wenn du unsicher bist. Dein Code erscheint als Webseite auf dem Bildschirm:

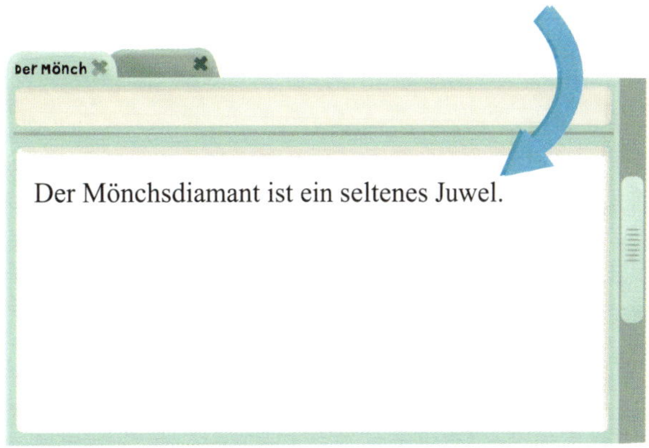

Öffne die Datei wieder in deinem Textprogramm. Ändere den Text zwischen den <title>-Start- und -End-Tags und den <p>-Tags deiner Wahl. Speichere die Datei.

5. Klicke im Browser auf Aktualisieren. Auf einem PC drückst du F5. Auf einem Mac ist das Command+R. Auf dem Bildschirm erscheint der geänderte Text.

WEBSEITE MIT HTML-TAGS ERSTELLEN

Nun kannst du HTML-Tags schreiben, aber wir wollen jetzt eine komplexere Webseite bauen. Wie du bereits im Code-Skill auf der vorigen Seite gesehen hast, erscheint der Text zwischen dem <p>-Start- und -End-Tag auf dem Bildschirm. Aber du hast nur einen Textblock, und die Seite sieht nicht spannend aus. Wenn du neue Zeilen oder Absätze brauchst, musst du neue Tags lernen.

Wir wollen diese neuen Tags zwischen die <body>-Start- und -End-Tags schreiben. Wenn man Tags in andere Tags packt, nennt man das Verschachteln. Mit verschachtelten Tags sorgen wir für spannendere Seitenlayouts. Schauen wir uns ein Beispiel für Verschachtelung mit dem <body>- und dem <p>-Tag an:

Einrückung

```
<body>
  <p>Der Mönchsdiamant ist über 10 Mio. € wert.</p>
</body>
```

Das <p>-Tag sitzt im <body>-Tag.

Leerzeichen werden bei HTML nicht beachtet. Programmierer rücken Code gern ein, wenn sie ein neues Tag öffnen. So ist leichter sichtbar, wann ein Tag geöffnet und geschlossen wird. Zum Einrücken drückst du die Tab-Taste, nachdem du ein neues Tag geöffnet hast.

Nun lernen wir die Tags für Absätze und Umbrüche kennen. Der Code in den Tags ist sehr einfach. Es ist nur ein Kürzel für „paragraph" <p> und „break"
.

Gemerkt?

Alle Tags werden klein geschrieben und ohne Leerzeichen zwischen Tags und Text.

Das Absatz-Tag: <p> und </p>

Mit dem <p>-Tag erstellst du neue Absätze. Das Start-Tag ist <p> und das End-Tag </p>, alles dazwischen wird gruppiert. Nimm für jeden neuen Absatz ein <p>-Tag. In diesem Beispiel stehen zwei Absätze:

Absatz-Start-Tag

```
<body>
  <p>Prof. Bairstone und Dr. Day gelang ein Sensationsfund.</p>
  <p>In einer entlegenen Höhle in Sibirien fanden sie den Mönchsdiamanten.</p>
</body>
```

Absatz-End-Tag

Wenn wir diesen Code im Browser öffnen, sieht er so aus!

Das Umbruch-Tag:

Mit dem
-Tag beginnt der Text in einer neuen Zeile im gleichen Absatz. Dieses Tag ist ein selbstschließendes HTML-Tag. Weil kein Inhalt auf dem Bildschirm ausgegeben wird, steht es alleine. In diesem Beispiel nehmen wir <p> und <br/>, um die Textdarstellung zu ändern:

```
<body>
  <p>Prof. Bairstone und Dr. Day gelang ein Sensationsfund.<br/>
     Prof. Bairstone ist ein weltweit bekannter Forscher.<br/>
     Dr. Day hat Fossilien studiert.</p>
  <p>In einer entlegenen Höhle in Sibirien fanden sie den Mönchsdiamanten.</p>
</body>
```

Umbruch-Tag

CODE-WÖRTER

Ein selbstschließendes HTML-Tag ist ein kombiniertes Start-/End-Tag. Nur bestimmte Tags werden so verwendet. Du erkennst ein solches Tag daran, dass der Schrägstrich am Ende des Tags steht und nicht wie bei einem normalen End-Tag am Anfang.

Nun probiere diese neuen Tags selbst aus!

CODE-SKILLS ► ABSÄTZE UND ZEILENWECHSEL

Mit den Tags <p> und <br/> gliedern wir unsere Seite besser.

1. Öffne deinen Texteditor. Erstelle eine neue HTML-Datei namens **breaks.html**. Auf den Seiten 13 bis 15 findest du die Code-Skills, wie das geht. Dann kopiere den Code aus **webpagetemplate.html** und setze ihn in die neue Datei. Ändere den Code, damit er so wie hier aussieht:

```
<!DOCTYPE html>
<html>
<head>
  <title>Der Mönchsdiamant</title>
</head>
<body>
</body>
</html>
```

2. Nimm das Absatz-Tag <p>. Öffne das <p>-Tag, tippe den Text und schreibe das End-Tag </p>. Das wiederhole beliebig oft. Dies ist der Code:

```
<body>
  <p>Der Mönchsdiamant wurde in
     Sibirien gefunden.</p>
  <p>Ernesto, der Hund von Prof.
     Bairstone, fand das Juwel.</p>
</body>
```

3. Tippe mehr Text in den ersten Absatz. Füge am Ende einer Zeile das Umbruch-Tag <br/> ein:

```
<body>
  <p>Der Mönchsdiamant wurde in
     Sibirien gefunden.<br/>
     Prof. Bairstone und Dr.
     Day waren auf einer
     Fossilienexpedition.</p>
  <p>Ernesto, der Hund von Prof.
     Bairstone, fand das Juwel.</p>
</body>
```

4. Speichere die HTML-Datei im Coding-Ordner. Dann öffnest du die Webseite im Browser. Sie wird etwa so aussehen:

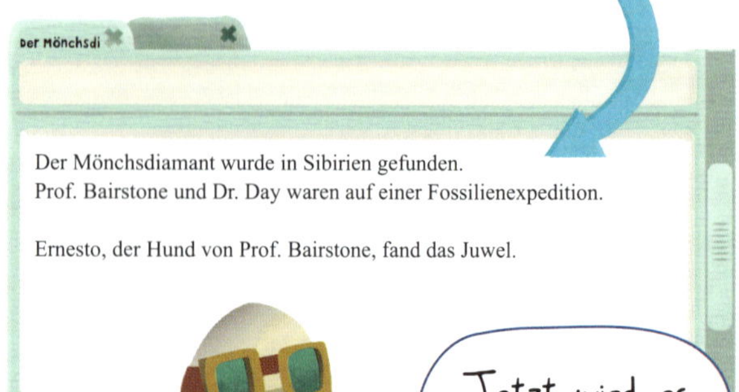

Das Bild-Tag: <img/>

Nun kennst du Absatz- und Umbruch-Tags. Auf die Seite soll jetzt ein Bild eingefügt werden. Das Bild-Tag `<img/>` ist ebenfalls selbstschließend. Ins Tag selbst musst du das sogenannte source-Attribut „src" schreiben.
Ein Bild-Tag sieht so aus:

```
<img src="bild.jpg"/>
```

Der Wert des source-Attributs wird nach = und zwischen " " geschrieben.

Du musst das source-Attribut ins <img/>-Tag schreiben, damit der Browser dein Bild finden kann. Ohne wüsste er gar nicht, was er zeigen soll. Der Wert des source-Attributs kann entweder der Dateiname eines gespeicherten Bildes oder eine URL des Bildes sein.

CODE-WÖRTER

Ein Attribut ist praktisch, wenn der Browser Extrainfos über ein HTML-Element benötigt. Es gibt viele Attribute, die in Tags vorkommen können.

Sie bestehen aus zwei Teilen: dem Namen und dem Wert des Attributs. Nach = setzt du den Wert des Attributs und schreibst ihn in " ". Also sieht ein Attribut immer etwa so aus: name="wert". Attribute gehören ins Start-Tag oder in das einzige Tag (wenn es selbstschließend ist).

Gespeicherte Bilder

Wenn du in deinem Coding-Ordner ein Bild als JPEG-Datei (.jpg) gespeichert hast, kannst du es leicht auf die Seite setzen. Dafür schreibst du nur den Namen der Bilddatei als Wert des source-Attributs, und zwar mit = und doppelten Anführungszeichen (" "). Wenn deine Datei diamond.jpg heißt, sieht der Code so aus:

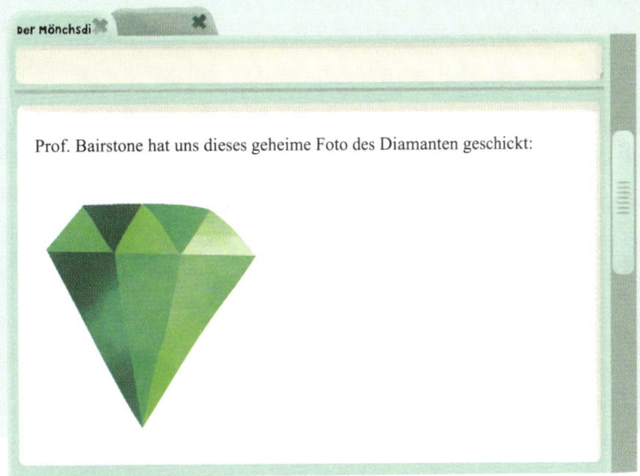


```
<body>
  <p>Prof. Bairstone hat uns dieses geheime Foto des Diamanten geschickt:</p>
  <img src="diamond.jpg"/>
</body>
```

Bild-Tag

source-Attribut

Dateiname

Eine Bild-URL verwenden

Falls ein Bild aus dem Internet auf deiner Seite erscheinen soll, nimmst du als Wert fürs source-Attribut im <img/>-Tag die URL des Bildes. Klicke mit rechts aufs Bild und wähle „Bildadresse kopieren". Nun hast du die URL. Die URL fügst du als Wert fürs source-Attribut ins <img/>-Tag ein, ebenfalls in Anführungszeichen (" "):

```
<body>
  <p>Dies ist die erste gemeinsame Expedition der beiden.</p>
  <p>Hier ist ein Foto vom Team:</p>
  <img src="http://getcodingkids.com/wp-content/uploads/2016/05/TeamPhoto.jpg"/>
</body>
```

Eine URL beginnt immer mit http:// oder https://.

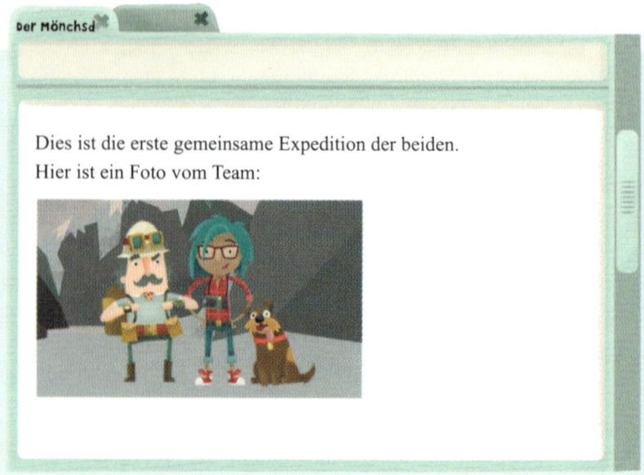

Bildnamen

Wenn du ein Bild auf deine Seite setzt, sollte es stets einen Namen haben. Dann finden Suchmaschinen wie Google deine Seite leichter. Namen sind auch gut für alle, die keine Bilder herunterladen können.

Damit das Bild einen Namen bekommt, schreibst du das alt-Attribut (Alternative) hinters source-Attribut:

```
<img src="diamond.jpg" alt="Diamant"/>
```

alt-Attribut

Der komplette Codeblock mit Text und Bildern für die Seite sieht nun so aus:

```
<body>
  <p>Dies ist die erste gemeinsame Expedition der beiden.</p>
  <p>Hier ist ein Foto vom Team:</p>
  <img src="http://getcodingkids.com/wp-content/uploads/2016/05/TeamPhoto.jpg"
    alt="Das Team"/>
</body>
```

Wenn du den Mauszeiger kurz auf einem Bild im Browser stehen lässt, erscheint eine kleine Sprechblase mit dem Text aus dem alt-Attribut.

Gemerkt?

Die Anführungszeichen im Code sind immer gerade " " und nie „ ".
Denn sonst versteht der Browser deinen Code nicht.

CODE-SKILLS ► BILDER EINFÜGEN

Nun verschönern wir unsere Seite mit ein paar Bildern vom Mönchsdiamanten, von Professor Bairstone, Dr. Day und Ernesto.

1. Um ein Bild des Mönchsdiamanten zu haben, gebe diesen Link ein: http://getcodingkids.com/wp-content/uploads/2016/05/diamond.jpg Klicke rechts darauf und wähle *Bild speichern unter*. Speichere es als JPEG-Datei (.jpg) im *Coding*-Ordner. Nenne es **diamond.jpg**.

2. Öffne dein Textprogramm und erstelle eine HTML-Datei namens **images.html**. Dann kopiere den Code aus **webpagetemplate.html** und setze ihn in die neue Datei. Ändere den Code, damit er so wie hier aussieht:

```
<!DOCTYPE html>
<html>
<head>
  <title>Der Mönchsdiamant</title>
</head>
<body>
  <p>Der Mönchsdiamant hat eine
     seltene grüne Farbe.</p>
</body>
</html>
```

3. Nun fügst du ein Bild des Diamanten auf die Seite ein. Schreibe nach dem </p>-End-Tag ein <img/>-Tag mit leerem source-Attribut:

```
<p>Der Mönchsdiamant hat eine
  seltene grüne Farbe.</p>
<img src=" "/>
```

4. Dann schreibe einen Wert ins source-Attribut. Gib den Namen der Bilddatei an, die du im Coding-Ordner gespeichert hast:

```
<p>Der Mönchsdiamant hat eine
  seltene grüne Farbe.</p>
<img src="diamond.jpg"/>
```

Speichere die HTML-Datei und öffne sie im Browser. Das Bild erscheint auf dem Bildschirm.

5. Nun setze die Bilder vom Professor, von Dr. Day und Ernesto anhand einer URL auf die Seite. Füge einen weiteren Absatz und ein <img/>-Tag mit leerem source-Attribut ein:

```
<p>Der Mönchsdiamant hat eine
seltene grüne Farbe.</p>
<img src="diamond.jpg"/>
<p>Das Team war über den Fund höchst
  erfreut.</p>
<img src=" "/>
```

>>

CODE-SKILLS ► FORTSETZUNG

```
<p>Das Team war über den Fund höchst erfreut.</p>
<img src="http://getcodingkids.com/wp-content/uploads/2016/05/TeamPhoto.jpg
```

Speichere die Datei und aktualisiere die Seite im Browser, und das 2. Bild erscheint.

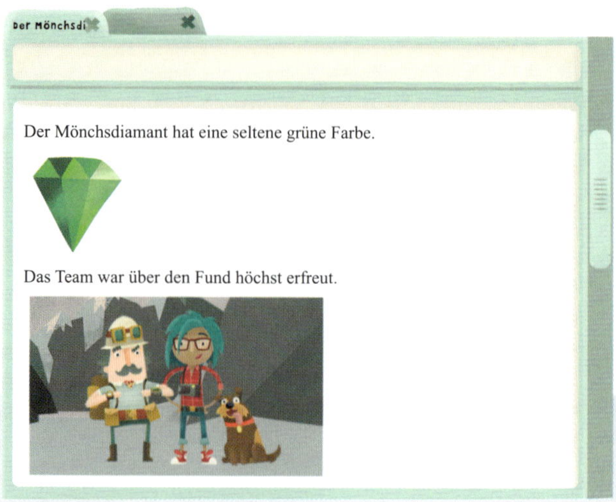

6. Nun schreibst du zwei alt-Attribute in die <img/>-Tags. Gib jedem Bild einen Namen. Dies ist der Code:

```
<!DOCTYPE html>
<html>
<head>
  <title>Der Mönchsdiamant</title>
</head>
<body>
  <p>Der Mönchsdiamant hat eine seltene grüne Farbe.</p>
  <img src="diamond.jpg" alt="Der Mönchsdiamant"/>
  <p>Das Team war über den Fund höchst erfreut.</p>
  <img src="http://getcodingkids.com/wp-content/uploads/2016/05/TeamPhoto.jpg"
    alt="Das Team"/>
</body>
</html>
```

Speichere die Datei und aktualisiere die Seite. Je nach Browser siehst du den Text des alt-Attributs, wenn du den Mauszeiger über die Bilder hältst.

checkliste für code-Skills ✓

CODING MIT HTML

- Die Basisstruktur eines HTML-Dokuments sieht immer gleich aus:

```
<!DOCTYPE html>
<html>
   <head>
   </head>
   <body>
   </body>
</html>
```

- HTML-Dokumente bestehen aus HTML-Elementen. Elemente sind in HTML-Tags gesetzte Inhalte. Jedes Tag ist eine Anweisung an den Browser. Dadurch weiß er, wie der Inhalt zwischen Start- und End-Tags auf dem Bildschirm erscheinen soll.
- HTML-Tags stehen in Spitzklammern (< >). Dem Start- und End-Tag entnimmt der Browser, wann die Anweisung beginnt und endet. Das End-Tag erkennst du am Schrägstrich (/). Wenn es keinen Inhalt zwischen zwei Tags gibt, nimmst du ein selbstschließendes Tag, das allein stehen kann.
- Tags werden stets in Kleinbuchstaben geschrieben.
- Du darfst HTML-Tags ineinander verschachteln. Aber vergiss nicht, die Tags zu schließen.
- Wenn du ein neues Tag öffnest, sollte der Code stets eingerückt sein: Drücke dafür die Tabulator-Taste. So ist der Code leichter zu lesen.
- Wenn der Browser weitere Anweisungen oder Infos über ein HTML-Element haben soll, dann nimmt man HTML-Attribute. Attribute werden ins Start-Tag geschrieben und besitzen einen Namen und einen Wert. Der Name kommt nach dem Gleichheitszeichen (=) und der Wert in doppelte Anführungszeichen (" ").

LAYOUT UND DESIGN DEINER WEBSEITE

Nun weißt du, was HTML-Tags sind und wie sie funktionieren. Wir sollten uns mal Gedanken über Layout und Design der Seite machen. Bisher haben wir die HTML-Elemente auf der gleichen Stelle der Seite positioniert. Wenn Text oder Bilder an verschiedenen Stellen erscheinen sollen oder ein anderes Design erwünscht ist, brauchen wir weitere HTML-Tags und -Attribute.

Das Abschnitts-Tag: <div> und </div>

Mit dem <div>-Tag kannst du das Seitenlayout ändern, indem du Abschnitte einfügst. Das Start-Tag ist <div> und das End-Tag </div>. Mit diesem Tag gruppierst du HTML-Elemente und sparst so Zeit. Es ist wie eine Art unsichtbarer Container.

Wenn du HTML-Elemente zwischen <div>-Start- und -End-Tag setzt, kann der Browser Änderungen auf alle Elemente im <div> anwenden. Alle Elemente, die nicht im <div> sind, bleiben unverändert. Schauen wir uns an, wie das <div>-Tag funktioniert:

Start-<div>

style-Attribut

End-<div>

```
<body>
  <div style="color: green;">
    <p>Der Mönchsdiamant ist über 1 Mio. Jahre alt.</p>
    <p>Es ist ein seltener grüner Diamant.</p>
  </div>
  <p>Er hat 300 Karat und ist über 10 Mio. € wert.</p>
</body>
```

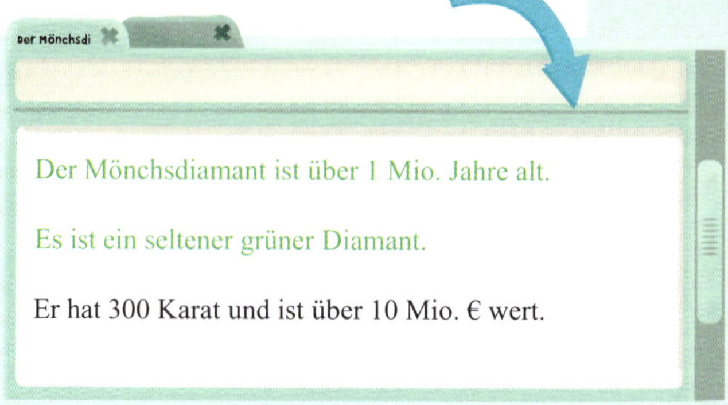

Hier haben wir zwei Textabsätze in ein <div> gepackt. Der Text im <div> ist grün geworden, weil wir ein neues HTML-Attribut namens style genommen haben. Der Text, der nicht im <div> steht, bleibt unverändert. Das <div> hat die HTML-Elemente gruppiert, sodass sie einfach zu ändern sind.

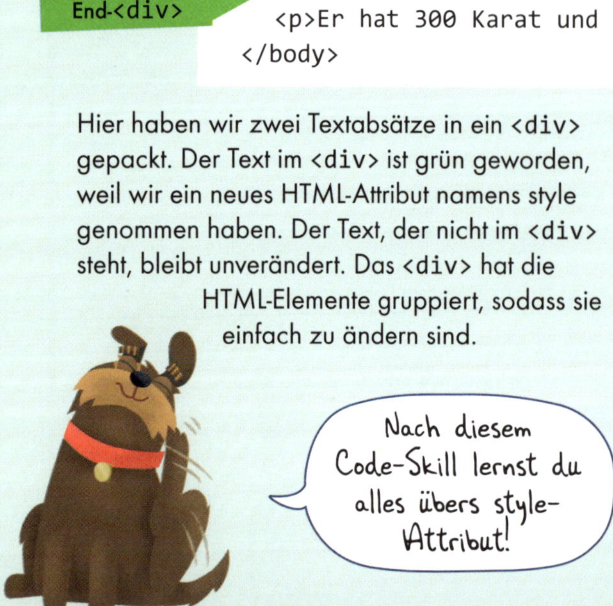

1

CODE-SKILLS ► ABSCHNITTE ERSTELLEN

Nun probiere das <div>-Tag selbst aus. Dann kannst du eine Webseite mit interessantem Layout erstellen.

1. Öffne deinen Texteditor. Erstelle eine neue HTML-Datei namens **divs.html**. Kopiere den Code aus **webpagetemplate.html** in die neue Datei. Ändere den Code, damit er so wie hier aussieht:

```
<!DOCTYPE html>
<html>
<head>
  <title>Der Mönchsdiamant</title>
</head>
<body>
  <p>Prof. Bairstone ist ein berühmter Entdecker.</p>
  <p>Dr. Day ist eine Top-Forscherin. Sie liebt Dinosaurierfossilien.</p>
</body>
</html>
```

2. Füge nun zwei <div>-Tags zwischen Start- und End-<body>-Tag ein. Jeder Absatz kommt in ein <div>:

```
<body>
  <div>
    <p>Prof. Bairstone ist ein berühmter
Entdecker.</p>
  </div>
  <div>
    <p>Dr. Day ist eine Top-Forscherin.
       Sie liebt Dinosaurierfossilien.</p>
  </div>
</body>
```

3. Speichere die HTML-Datei und öffne sie im Browser. Deine <div>-Tags ändern nichts auf dem Bildschirm, aber die Elemente werden gruppiert. Nun kannst du sie gestalten und positionieren.

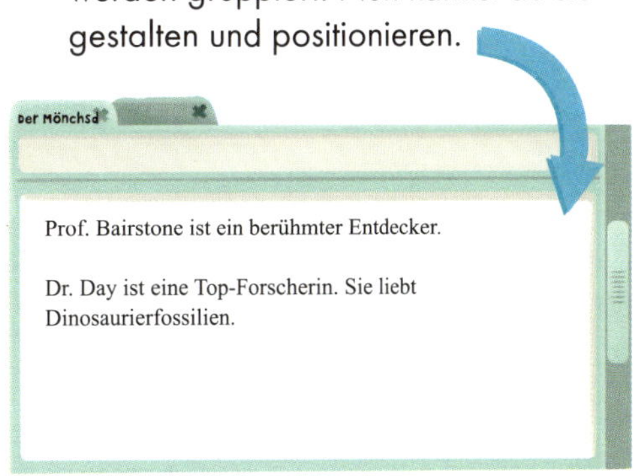

CODING MIT CSS

Bisher hast du in dieser Mission mit HTML gearbeitet. Wie eben gesehen, gruppiert man mit `<div>`-Tags andere HTML-Elemente, um sie einfach zu ändern. Um Aussehen und Position der HTML-Elemente zu ändern, nimmst du CSS.
CSS wird als Programmiersprache oft mit HTML eingesetzt. Programmierer nutzen CSS, um die Darstellung von HTML-Elementen im Browser zu ändern. CSS (Cascading Style Sheets) nennt man manchmal auch einfach nur „Styles". Mit CSS gestaltest du das Design deiner Seite und wählst Farben oder änderst Größe und Form von HTML-Elementen. Mit CSS kannst du auch deren Position bestimmen. CSS kann eine ganze Menge für die Gestaltung deiner Seite bewirken.

Das style-Attribut

Um ein HTML-Element mit CSS zu ändern, schreibst du ein style-Attribut ins Start-HTML-Tag. Dieses Attribut funktioniert mit jedem HTML-Tag. Mit style kannst du genauso arbeiten wie mit den Attributen source und alt. Schauen wir uns an, wie ein style-Attribut geschrieben wird:

```
<p style="CSS-Eigenschaft: Wert;">Der Diamant war in einer Höhle versteckt.</p>
```

style-Attribut

CSS

Wie bereits gesehen, schreibst du den Wert des style-Attributs nach dem = und setzt ihn in " ". Wir wenden CSS aufs HTML-Tag an, indem der style-Attributwert auf CSS gesetzt wird. CSS ist als Programmiersprache einfach zu schreiben. Es besteht immer aus den beiden Teilen Eigenschaft und Wert.

CSS-Eigenschaften und -Werte

CSS braucht immer eine Eigenschaft plus einen Wert. Die Eigenschaft sagt dem Browser, welcher Teil des HTML-Elements geändert wird, und mit dem Wert weiß der Browser, um wie viel. Das funktioniert dann so:

CSS	Was es bedeutet	Beispielwerte
Eigenschaft	was du ändern willst	background-color; height;
Wert	zu was etwas geändert wird	red; 200px;

Bei CSS wird die Eigenschaft durch einen Doppelpunkt (:) vom Wert getrennt. Am Ende des Werts schreibst du ein Semikolon (;). Wenn das CSS aus mehr als einem Wort besteht, verbindest du die Wörter mit einem Strich (-). Ist die Syntax nicht richtig, kann der Browser deine Anweisungen nicht entschlüsseln. Dein style-Attribut sollte immer so geschrieben sein:

```
style="CSS-Eigenschaft: Wert;"
```

Bindestrich | Doppelpunkt | Semikolon

CODE-WÖRTER

Syntax heißen die Regeln, nach denen eine Programmiersprache strukturiert und geschrieben wird.

Mit Hunderten verschiedener CSS-Eigenschaften und -Werten deines Browsers kannst du anhand von HTML-Tags deine Seite gestalten.

Schauen wir uns CSS mit <div>-Tags genauer an. Zum Ändern der Hintergrundfarbe eines Seitenbereichs schreiben wir z.B. dieses CSS und HTML:

style-Attribut | CSS-Eigenschaft | CSS-Wert

```
<body>
  <div style="background-color: green;">
   <p>Der Diamant war in einer Höhle versteckt.</p>
   <p>Er befand sich in einer Felsspalte.</p>
  </div>
</body>
```

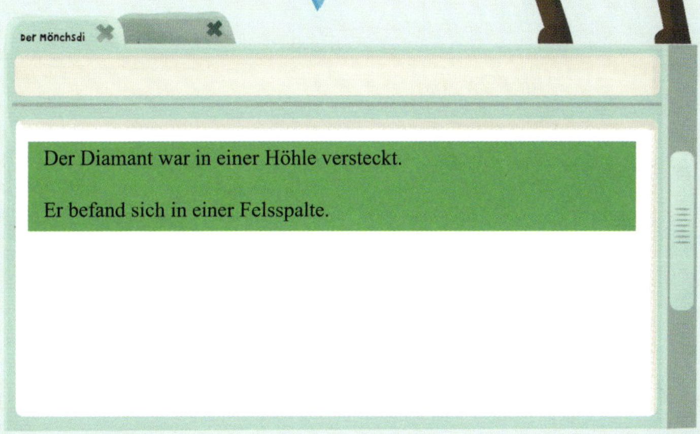

Gemerkt?

Alle CSS-Wörter sind immer auf Englisch. Wenn du sie nicht englisch schreibst, versteht der Browser dein CSS nicht.
Bitte lerne die Wörter auf Englisch auswendig, denn sonst funktioniert dein Code nicht.

Die CSS-Eigenschaft background-color

Nun weißt du mehr über CSS, und wir können zu CSS-Eigenschaften übergehen, die die Seite farbiger machen. Was Prof. Bairstone und Dr. Day gefunden haben, ist eine echte Sensation. Darum muss unsere Seite interessant aussehen.

Mit verschiedenen <div>-Tags ändern wir die Farbe auf verschiedenen Seitenbereichen. Zuerst bekommt jedes Start-<div>-Tag ein style-Attribut. Darin setzen wir die CSS-Eigenschaft background-color und wählen eine Farbe für den CSS-Wert. Der Code dafür sieht so aus:

```
<body>
  <p>GESTOHLENER MÖNCHSDIAMANT ENTDECKT!</p>
    <div style="background-color: green;">
      <p>Prof. Bairstone, Dr. Day und Ernesto waren auf einer Expedition.<br/>
        In den Bergen gelang ihnen ein toller Fund.</p>
    </div>
    <div style="background-color: cyan;">
      <p>Ernesto schnüffelte an einem Fels und begann laut zu bellen.<br/>
        Denn der Mönchsdiamant war im Fels versteckt.</p>
    </div>
</body>
```

Hintergrundfarbe

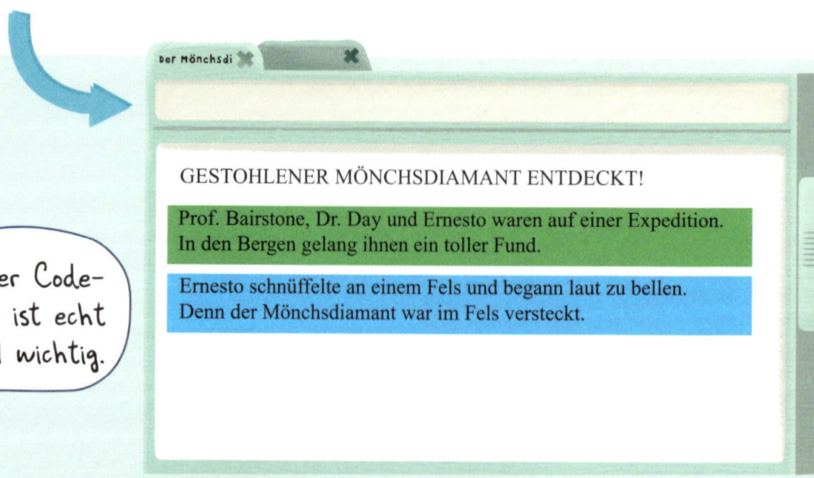

Gemerkt?

Es gibt Tausende Farben, die du als CSS-Werte nehmen kannst. Auf **http://www.css4you.de/refcolorword.html** findest du mehr davon.

CODE-SKILLS ► CSS SCHREIBEN

Nun kombinieren wir CSS mit HTML. Zuerst fügst du das style-Attribut in ein HTML-Tag ein und setzt dann Eigenschaft und Wert.

1. Öffne ein Textprogramm und erstelle eine HTML-Datei namens **CSS.html**. Darin kopierst du den Code aus **divs.html**. Ändere den Code, damit er so aussieht:

```
<!DOCTYPE html>
<html>
<head>
  <title>Der Mönchsdiamant</title>
</head>
<body>
  <div>
    <p>Das Juwel wurde in Moskau gestohlen.</p>
    <p>Die Tat geschah vor drei Jahren.</p>
  </div>
  <div>
    <p>Verdächtigt werden die Gebrüder Bond.</p>
  </div>
</body>
</html>
```

2. Nun schreibe in jedes Start-<div>-Tag ein leeres style-Attribut:

```
<div style=" ">
```

3. Schreibe die CSS-Eigenschaft für die Hintergrundfarbe hinein. Denke daran, dass du Namen und Wert durch Doppelpunkt (:) trennen musst. Vergiss das Semikolon (;) hinterm Wert nicht. Die <div>-Start-Tags sehen so aus:

```
<div style="background-color: pink;">
```

4. Speichere die HTML-Datei und öffne sie im Browser. Wenn du andere Werte für die CSS-Eigenschaft nimmst, änderst du die Hintergrundfarbe. Speichere die Datei und aktualisiere die Bildschirmdarstellung.

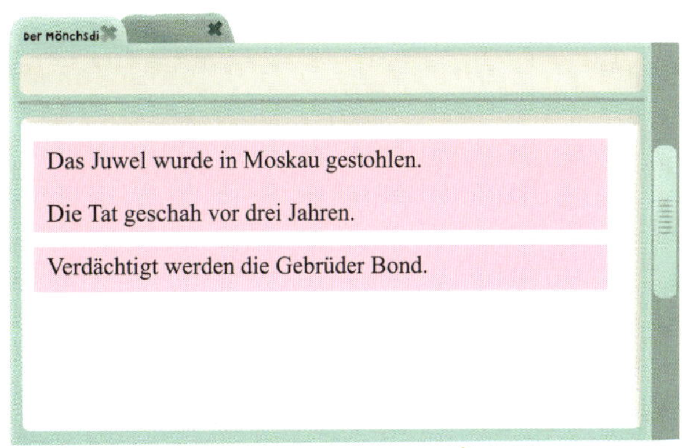

MEHR CSS-EIGENSCHAFTEN

Schauen wir uns einige CSS-Eigenschaften an, mit denen wir die HTML-Elemente und damit die Webseite verschönern können. Du weißt ja schon, dass CSS immer aus Eigenschaft und Wert besteht. Von den Hunderten verschiedener Eigenschaften sind dies die häufigsten:

CSS-Eigenschaft Name	Was sie bewirkt	Beispielwerte
background-color	Legt die Hintergrundfarbe fest	red; black; white; yellow;
color	Legt die Textfarbe fest	red; black; white; yellow;
text-align	Positioniert den Text auf der Seite	left; right; center;
font-size	Ändert die Textgröße	12**px**; 20pt;
float	Positioniert ein Element links oder rechts von einem anderen Element	left; right; none;
height	Legt die Höhe des Elements fest	100px; 100%;
width	Legt die Breite des Elements fest	100px; 100%;
border	Setzt einen Rahmen ums Element	1px solid black;
margin	Fügt Abstand um das Element ein	10px;
padding	Setzt den Innenabstand im Element	10px;

CODE-WÖRTER

Grafiken auf dem Bildschirm bestehen aus kleinen farbigen Punkten namens Pixel (px). Du kannst dem Browser sagen, wie viele Pixel in einem HTML-Element sein sollen.

Die CSS-Eigenschaft color

Um die Textfarbe zu ändern, gibst du der Eigenschaft color einen Wert. Das kennst du schon von background-color.

color-Eigenschaft

```
<body>
  <div style="color: blue;">Mönchsdiamant gefunden!</div>
</body>
```

Ausrichtung

Bisher waren alle HTML-Elemente links am Rand der Seite. Mit den Eigenschaften text-align und float kannst du Text und andere Elemente auf der Seite positionieren.

Text-align erlaubt, Text links, rechts oder zentriert auf die Seite zu bringen (denke auch an den Bindestrich).

text-align-Eigenschaft

```
<body>
  <div style="text-align: center;">
    Mönchsdiamant gefunden!
  </div>
  <p>Gestohlenes Juwel in Sibirien gefunden.</p>
</body>
```

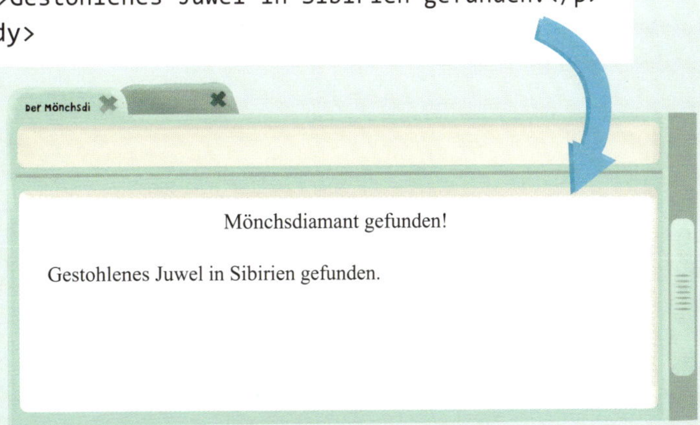

Du kannst mit CSS auch HTML-Elemente wie <div>-Tags oder Bilder links oder rechts auf die Seite bringen. Dazu gibst du der CSS-Eigenschaft float den Wert left oder right.

float-Eigenschaft

```
<body>
  <div style="float: right;">
    Das Expeditionsteam:<br/>
    <img src="team.jpg" alt="Das Team"/>
  </div>
</body>
```

Mehrere CSS-Eigenschaften einsetzen

Für ein style-Attribut kannst du auch mehrere Eigenschaften und Werte nehmen. Sie müssen nur durch ein Semikolon (;) getrennt sein. Der Browser liest alle CSS-Eigenschaften und wendet sie aufs HTML-Element an. Also kannst du beliebig viele nehmen.

```
<body>
  <div style="background-color: lightblue; float: right;">
    Ernesto spürte den Diamanten auf.
  </div>
</body>
```

Hier stehen 2 CSS-Eigenschaften

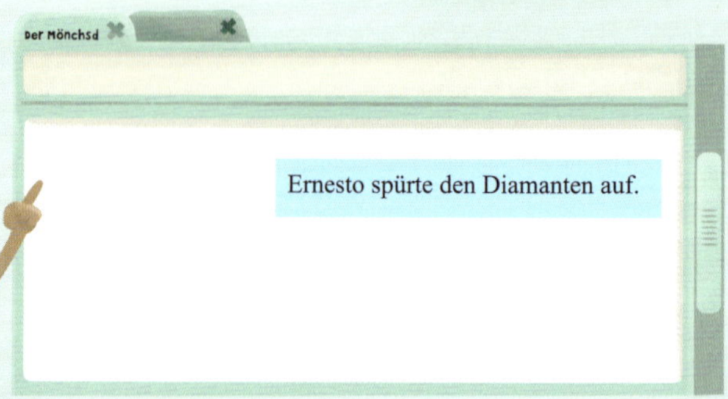

Verschiedene Größen mit CSS

Du weißt nun, wie du die Textfarbe änderst, den HTML-Elementen andere Farben gibst und sie auf der Seite anordnest. Doch damit die Seite wirklich interessant wird, müssen wir auch die Größe der Elemente ändern können. Mit den CSS-Eigenschaften width und height geht das sehr einfach. Wir geben ihnen einfach bestimmte Werte, sodass ein quadratisches <div> entsteht:

height-Eigenschaft — Einheit — width-Eigenschaft

```
<body>
  <div style="background-color: plum; height: 200px; width: 200px;">
    <p>Der Mönchsdiamant wurde für verschollen gehalten.</p>
    <p>Der Juwelier Volkov ist vom Diebstahl geschockt.</p>
  </div>
</body>
```

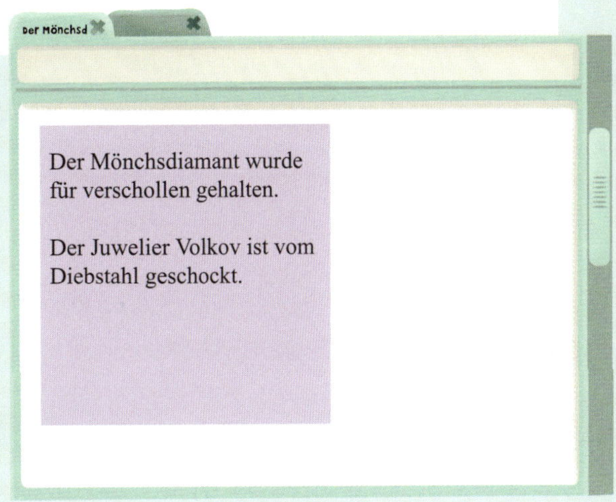

Gemerkt?

Diesmal sind die Werte für die CSS-Eigenschaft Zahlen statt Wörter. Zahlen brauchen eine Einheit.

Maße bei CSS

Es gibt viele Einheiten für Maße in CSS. Indem du die Einheit nach dem Zahlenwert tippst, weiß der Browser, welche es sein soll. Die folgenden sind recht häufig:

Einheiten:

- **Pixel (px)**
- **Prozent (%)**
- **Punkt (pt)**

Wie können wir die CSS-Eigenschaften Höhe und Breite eines <div>s als Prozent angeben?

```
<body>
  <div style="background-color: palegreen; height: 75%; width: 50%;">
    <p>Die Polizei ist immer noch verblüfft.</p>
    <p>Es gibt noch keine Hinweise in diesem Fall.</p>
  </div>
</body>
```

Prozentwert

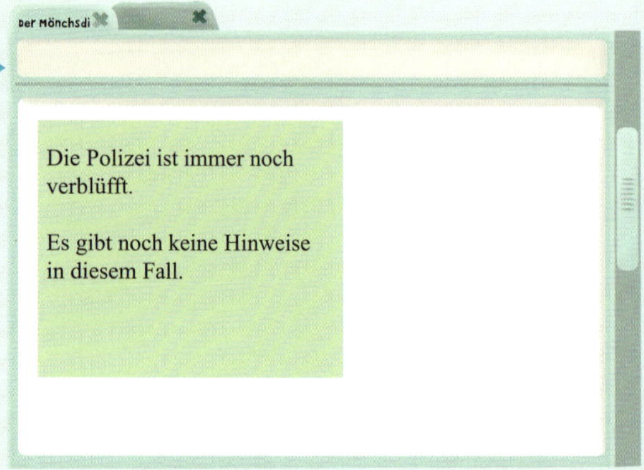

Gemerkt?

Beim Berechnen des Prozentwerts geht es darum, welchen Anteil des Bildschirms das Element füllen soll. Änderst du das Browserfenster, wird auch das Element geändert.

Pixel und Punkt werden genauso wie Prozent verwendet. Mit diesen Einheiten wird das Element stets gleich groß bleiben, auch wenn das Browserfenster geändert wird. Hier werden die CSS-Eigenschaften über Pixel-Werte geändert und das CSS für Schriftgröße auf einen Punkt-Wert gesetzt.

Pixelwert — Pixelwert — Punktwert

```
<body>
  <div style="background-color:gold;height:200px;width:350px;font-size:20pt;">
    <p>Die Gebrüder Bond wurden nie gefasst.</p>
  </div>
</body>
```

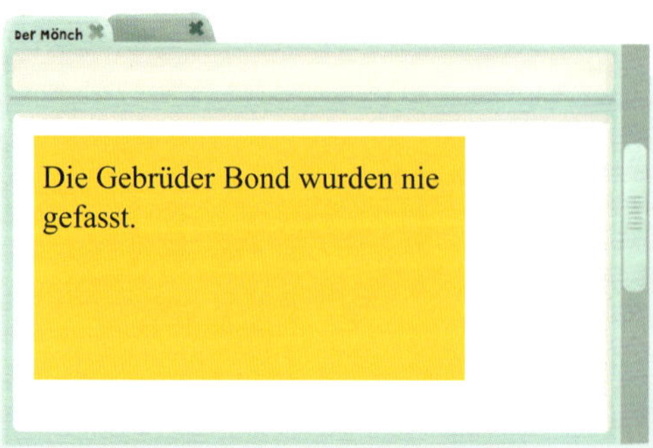

Rahmen und Abstände mit CSS

Du kannst mit CSS auch Rahmen und Abstände um die HTML-Elemente schaffen. Dafür nimmst du die CSS-Eigenschaft „border" und gibst ihr Werte für Breite, Stil und Farbe. Betrachte dieses Beispiel:

border-Eigenschaft | Breite | Stil | Farbe

```
<body>
  <div style="border: 4px solid green; width: 50%; height: 100px;">
    Prof. Bairstone und Dr. Day sind begeistert über den Fund.
  </div>
</body>
```

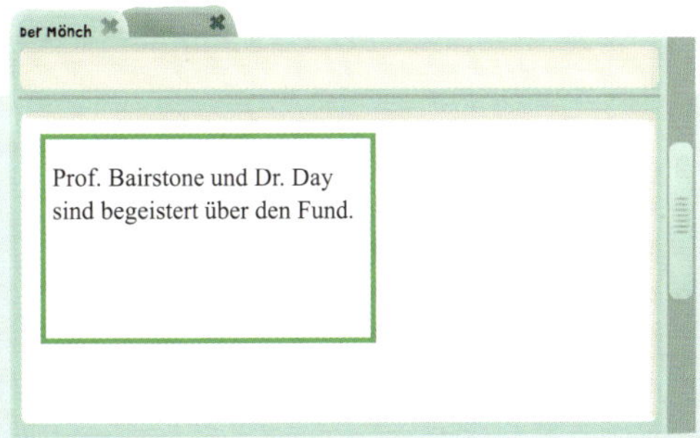

Wir können mit „padding" und „margin" aus CSS den Innenabstand eines HTML-Elements ändern. Die Werte dafür kannst du im HTML-Element für oben, unten, links und rechts angeben.
Sehen wir es uns an:

padding-Eigenschaft | margin-Eigenschaft

```
<body>
  <div style="padding: 25px; margin: 50px; border: 4px solid blue;
    width: 50%; height: 100px;">
    Ernesto freute sich auch über den Fund.<br/>
    Prof. Bairstone gab ihm ein Leckerli.
  </div>
</body>
```

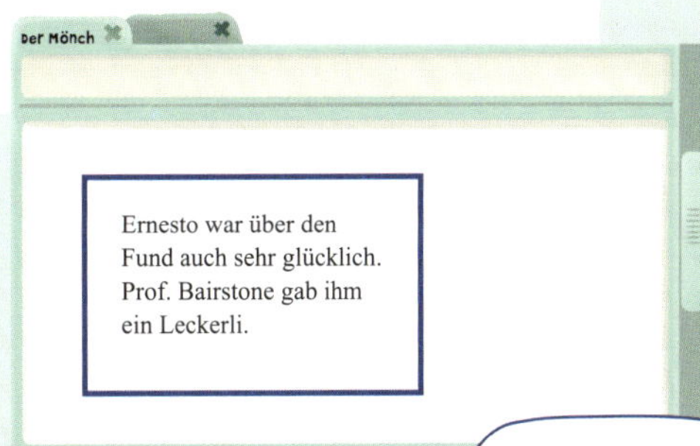

Das Padding sorgt für 25px Abstand zwischen dem Rahmen des <div>s und dem Text über Ernesto im <div>. Das Margin sorgt für 50px Abstand zwischen dem Rahmen des <div>s und dem Seitenrand.

Gemerkt?

Der Rahmenstil wurde auf den Wert „solid" gesetzt. Als Wert geht auch „dotted", „dashed" oder „double".

CODE-SKILLS ► MEHRERE CSS-EIGENSCHAFTEN NUTZEN

Du kannst viele CSS-Eigenschaften nutzen, damit die Webseite für Prof. Bairstone und Dr. Day super aussieht. Probiere nun, mit mehreren CSS-Eigenschaften Layout und Design der Seite zu ändern.

1. Öffne dein Textprogramm und erstelle eine neue HTML-Datei namens **CSSproperties.html**. Kopiere den Code aus **CSS.html** in die neue Datei und ändere sie so, dass es drei solche <div>-Tags gibt:

```
<!DOCTYPE html>
<html>
<head>
  <title>Der Mönchsdiamant</title>
</head>
<body>
  <div>
    Warum wurde der Diamant in einer Felsspalte versteckt?<br/>
    Wer hat ihn dort versteckt?
  </div>
  <div>
    Waren es die Gebrüder Bond?<br/>
    Beobachten sie die Höhle?
  </div>
  <div>
    Ist das Team gefährdet?<br/>
    Ihr Lager ist sehr abgelegen.
  </div>
</body>
</html>
```

2. Ändere Farbe, Schriftgröße und Position des Texts im ersten `<div>`. Nimm dazu die Eigenschaften color, font-size und text-align. Dies ist der Code:

```
<div style="color: green; font-size: 18pt; text-align: center;">
  Warum wurde der Diamant in einer Felsspalte versteckt?<br/>
  Wer hat ihn dort versteckt?
</div>
```

3. Ändere Höhe und Breite des zweiten `<div>`s mit den CSS-Eigenschaften width und height. Trage ins `<div>` als Seitenbreite 75% ein und 100px als Höhe. Schreibe auch eine Hintergrundfarbe und einen Abstand ins `<div>`. Dies ist der Code:

```
<div style="width: 75%; height: 100px; background-color: lightblue; margin: 20px;">
  Waren es die Gebrüder Bond?<br/>
  Beobachten sie die Höhle?
</div>
```

4. Das dritte `<div>` wollen wir nun woanders hin verschieben. Mit der CSS-Eigenschaft float soll es nach rechts rutschen. Gib dem `<div>` mit border und padding auch einen Rahmen und Innenabstand. Dies ist der Code:

```
<div style="float: right; border: 6px dotted red; padding: 20px;">
  Ist das Team gefährdet?<br/>
  Ihr Lager ist sehr abgelegen.
</div>
```

5. Speichere die HTML-Datei und öffne sie im Browser. Ändere nun mal die Werte aller CSS-Eigenschaften und schau, wie sich das auf die Webseite auswirkt.

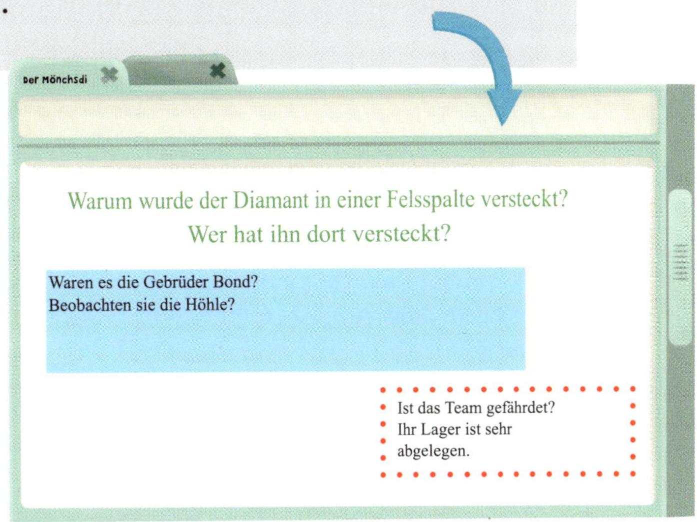

CSS-KLASSEN

Vielleicht ist dir aufgefallen, dass die vielen CSS-Eigenschaften in den Tags den Code lang und schwer lesbar machen. Es dauert auch, bis man die immer gleichen Eigenschaften fertig eingetippt hat. Um Zeit zu sparen und damit der Code ordentlicher wird, nehmen wir nun CSS-Klassen. Mit diesen Klassen kannst du das CSS im <body> der Seite organisieren.

Eine CSS-Klasse ist sehr praktisch, um eine Gruppe Eigenschaften für alle Seitenelemente zusammenzufassen. Programmierer nehmen CSS-Klassen, damit ihr Code möglichst einfach bleibt. Das ist wirklich total wichtig, weil du somit weniger Fehler machst. Nehmen wir an, der gesamte Text in jedem `<div>` soll eine bestimmte Farbe und Schriftgröße bekommen. Anstatt nun die Eigenschaften in jedes `<div>` zu tippen, nimmst du besser eine CSS-Klasse, um alle `<div>`-Tags auf einen Rutsch zu ändern.

Das <head>-Tag

Bisher haben wir vor allem im <body> der Seite geschrieben. Nun wollen wir uns den <head> genauer ansehen. Nehmen wir uns noch mal die allererste Seite der Mission vor:

```
<!DOCTYPE html>
<html>
<head>
  <title>Mönchsdiamant gefunden</title>
</head>
<body>
  <p>Prof. Bairstone und Dr. Day entdeckten den Mönchsdiamanten.</p>
</body>
</html>
```

head-Tag

In allen bisher erstellten Seiten befand sich das `<title>`-Tag im <head>. Der Inhalt zwischen den Start- und End-`<title>`-Tags erscheint nicht im Haupt-<body>, wenn wir sie im Browser ansehen.

Wir werden die CSS-Klassen ins <head>-Tag einfügen. Denn Infos für den Browser, die nicht im Haupt-<body> der Seite dargestellt werden sollen, gehören am besten in den <head>.

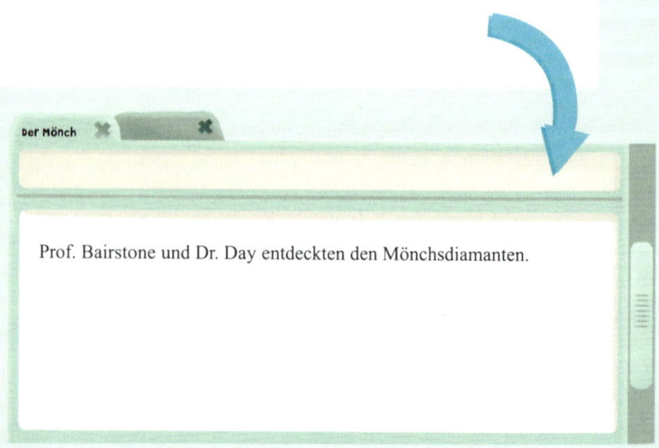

Das style-Tag: <style> und </style>

Wenn du eine CSS-Klasse erstellst, sagst du dem Browser, dass du von HTML zu CSS wechselst. Dafür nimmst du das <style>-Tag und setzt es in den <head>. Das <style>-Tag ist genauso wie die anderen HTML-Tags dieser Mission, außer dass es CSS enthält.

Nach dem <style>-Tag kannst du nun eine CSS-Klasse erstellen. Jede CSS-Klasse muss einen Namen haben. Der sollte sich am besten auf das Element beziehen, das du ändern willst. So kannst du eine CSS-Klasse erstellen, die das Aussehen von Text ändert:

```
<head>
  <title>Mönchsdiamant gefunden</title>
  <style>
   .text {
     text-align: center;
     font-size: 18pt;
     background-color: aqua;
   }
  </style>
</head>
```

style-Tag

CSS-Klassenname

Punktierte Note

Geschweifte Start-Klammer

CSS-Eigenschaften

Geschweifte End-Klammer

Du kannst den Code auch anders schreiben und strukturieren. CSS-Klassen beginnen immer mit dem Namen. Den kannst du frei festlegen, aber er muss vorne einen Punkt (.) haben. Dann kommen geschweifte Klammern ({}). Durch die Klammern weiß der Browser, wo die Anweisungen für ihn beginnen und enden. In die Klammern schreibst du alle CSS-Eigenschaften, die das HTML-Element haben soll. Wie vorher trennst du Eigenschaft vom Wert mit einem Doppelpunkt (:) und setzt nach dem Wert das Semikolon (;).

In diesem Beispiel erstellen wir eine CSS-Klasse namens „text". Immer, wenn diese CSS-Klasse verwendet wird, ändern wir die Eigenschaften für text-align, font-size und background-color auf die gewählten Werte.

Gemerkt?

Geschweifte Klammern findest du auf der Tastatur auf den Tasten 7 und 0. Dafür musst du die Taste „Alt Gr" drücken.

Das class-Attribut

Es ist ganz einfach, im Code-<body> eine CSS-Klasse auf ein HTML-Element anzuwenden. Du fügst nur den Namen der CSS-Klasse in das HTML-Start-Tag für das Element ein, das geändert werden soll. Statt des style-Attributs nehmen wir jetzt das neue class-Attribut. Dieses Attribut wird genauso geschrieben wie die anderen Attribute dieser Mission und funktioniert auch genauso. Schauen wir mal, wie man die CSS-Klasse auf HTML-Elemente der Seite anwendet:

```
<!DOCTYPE html>
<html>
<head>
  <title>Mönchsdiamant gefunden</title>
  <style>
    .text {
      text-align: center;
      font-size: 18pt;
      background-color: aqua;
    }
  </style>
</head>
<body>
  <p class="text">Mönchsdiamant gefunden</p>
  <p>Der Mönchsdiamant wurde in den sibirischen Bergen gefunden.</p>
  <p class="text">Der Fund ist von großer internationaler Bedeutung.</p>
  <p>Das Team suchte nach Fossilien,</p>
  <p class="text">fand aber einen der berühmtesten Juwelen der Welt.</p>
</body>
</html>
```

CSS-Klasse

class-Attribut

Im class-Attribut nehmen wir den Namen für die CSS-Klasse als Wert. Den Punkt (.) haben wir nicht vorne hingeschrieben. So wie bei den anderen Attributen haben wir für die Angabe des Werts das Gleichheitszeichen (=) und doppelte Anführungszeichen (" ") genommen. Schau mal, wie leicht du mit einer Klasse und dem class-Attribut das Layout der Seite änderst!

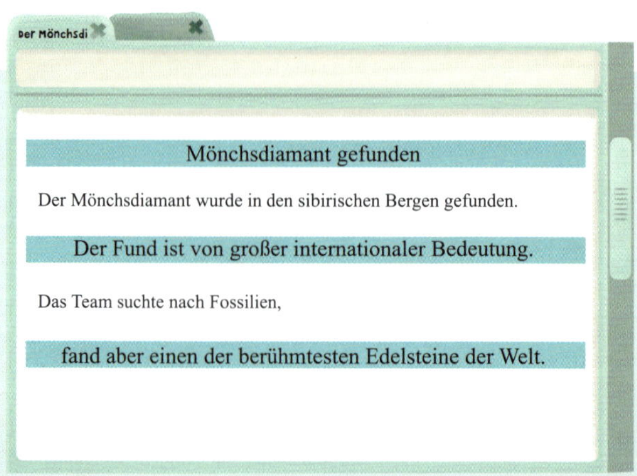

1

checkliste für code-skills ✓

CODING MIT CSS

- CSS besteht immer aus einer Eigenschaft und einem Wert. Die Eigenschaft enthält den Namen dessen, was du ändern willst, und der Wert ist das, um wie viel geändert wird. Es gibt Hunderte CSS-Eigenschaften und -Werte.
- Eigenschaft und Wert sind durch Doppelpunkt (:) getrennt. Schreibe nach dem Wert stets ein Semikolon (;). Zwischen den Wörtern steht ein Bindestrich (-).
- CSS-Eigenschaften und -Werte werden immer englisch bezeichnet
- Werte können in Zahlen oder Wörtern angegeben werden. Zahlenwerte werden meist in Pixel (px), Punkt (pt) oder Prozent (%) angegeben.
- Jedes HTML-Element kann mehr als eine Eigenschaft haben. Am besten machst du das über eine CSS-Klasse und das class-Attribut.
- Den Wechsel von HTML zu CSS zeigst du dem Browser durchs `<style>`-Tag an. CSS-Klassen werden ins `<head>`-Tag geschrieben.
- Jeder Name für eine Klasse muss mit einem (.) anfangen. Die CSS-Eigenschaften und -Werte kommen in geschweifte Klammern.
- Mit dem class-Attribut kannst du jedem HTML-Element eine CSS-Klasse zuweisen.

CODE-SKILLS ► CSS-KLASSEN UND DAS CLASS-ATTRIBUT

Mit CSS-Klassen kannst du einfach und effektiv die HTML-Elemente ändern. Schreibe nun selbst CSS-Klassen und ändere über das class-Attribut das Design deiner Seite.

1. Öffne dein Textprogramm und erstelle eine neue HTML-Datei namens **CSSclasses.html**. Kopiere den Code aus **CSSproperties.html** in die neue Datei und bearbeite sie so, dass die 3 <div>-Tags so aussehen:

```
<!DOCTYPE html>
<html>
<head>
  <title>Der Mönchsdiamant</title>
</head>
<body>
  <div>
    Der Mönchsdiamant<br/>
    Erstaunliche Entdeckung
  </div>
  <br/>
  <div>
    Diamant bei Expedition in Sibirien entdeckt!
  </div>
  <br/>
  <div>
    Prof. Bairstone und Dr. Day suchten in Sibirien nach Fossilien.<br/>
    Sie fanden den gestohlenen Diamanten in einer abgelegenen Höhle.
  </div>
</body>
</html>
```

2. Nun schreibe ein <style>-Tag in den <head>. Dies ist der Code:

```
<head>
  <title>Der Mönchsdiamant</title>
  <style>
  </style>
</head>
```

3. Zwischen Start- und End-<style>-Tag erstellst du eine CSS-Klasse namens header. Gib das CSS für background-color, padding, text-align und font-size ein. Füge auch die Eigenschaften width und height ein und die Werte dafür. Dies ist der Code:

```
<style>
  .header {
    background-color: blue;
    padding: 25px;
    text-align: center;
    font-size: 18pt;
    width: 100%;
    height: 25%;
  }
</style>
```

4. Mit dem class-Attribut wendest du die CSS-Klasse header aufs erste <div> im <body> an. Dies ist der Code:

```
<div class="header">
  Der Mönchsdiamant<br/>
  Erstaunliche Entdeckung
</div>
```

5. Erstelle eine zweite Klasse im <style>-Tag und nenne sie title. Diese neue Klasse kommt nach der header-CSS-Klasse. Setze die Eigenschaften font-size, text-align und color und die Werte dafür ein. Dies ist der Code:

```
.title {
  font-size: 14pt;
  text-align: center;
  color: green;
}
```

CODE-SKILLS ► FORTSETZUNG

6. Wende die CSS-Klasse title aufs 2. <div> an. Dies ist der Code:

```
<div class="title">
  Diamant bei Expedition in Sibirien entdeckt!
</div>
```

7. Erstelle eine 3. CSS-Klasse im <style>-Tag und nenne sie body. Diese CSS-Klasse kommt nach der title-Klasse. Gib darin margin einen Wert. Dies ist der Code:

```
.body {
  margin: 20px;
}
```

8. Wende die CSS-Klasse body aufs 3. <div> an. Dies ist der Code:

```
<div class="body">
  Prof. Bairstone und Dr. Day suchten in Sibirien nach Fossilien.<br/>
  Sie fanden den gestohlenen Diamanten in einer abgelegenen Höhle.
</div>
```

9. Speichere die HTML-Datei und öffne sie im Browser. Du siehst, dass jede CSS-Klasse das Design eines <div>s ändert.

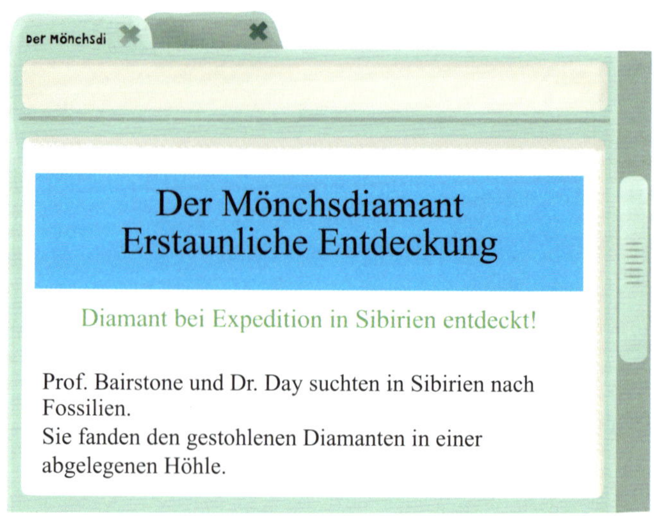

Mehrere CSS-Klassen

Wenn dein CSS wirklich effektiv sein soll, teilst du die CSS-Klassen am besten in Gruppen von CSS-Eigenschaften auf. So kannst du beim Gestalten deiner Webseite mehr als eine CSS-Klasse auf ein HTML-Element anwenden. Mit mehreren CSS-Klassen lässt sich einfach arbeiten. Du brauchst nur die Namen der verschiedenen Klassen ins class-Attribut einzufügen. Sehen wir es uns an:

```
<!DOCTYPE html>
<html>
<head>
  <title>Der Mönchsdiamant</title>
  <style>
    .header {
      background-color: lightgreen;
      width: 70%;
      height: 50%;
    }
    .text {
      text-align: center;
      font-size: 18pt;
    }
    .padding {
      padding: 25px;
    }
  </style>
</head>
<body>
  <div class="header text padding">
    Der Mönchsdiamant<br/>
    Erstaunliche Entdeckung
  </div>
</body>
</html>
```

So fügen wir mehr als einen CSS-Klassennamen ins class-Attribut ein.

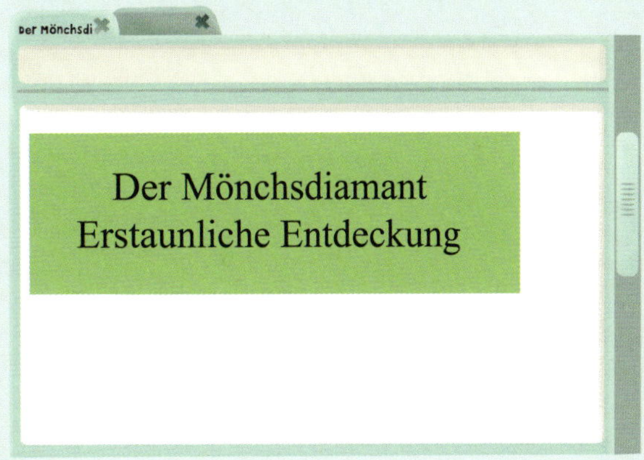

Mit CSS-Klassen HTML-Elemente auswählen

Sehr praktisch ist, dass du über CSS-Klassen die Eigenschaften eines HTML-Elements ändern kannst. Dafür nimmst du den sogenannten Elementselektor und nutzt den Namen des zu ändernden Elements als Namen der CSS-Klasse. Den Punkt vor dem Namen der CSS-Klasse lässt du weg. Du brauchst auch kein class-Attribut im <body> einzufügen.

Wenn also der Text in allen Absätzen zentriert mit einer bestimmten Schriftgröße sein soll, erstellst du eine CSS-Klasse namens „p“, um deine <p>-Tags anzuwählen. Schauen wir uns an, was der Elementselektor macht:

```
<!DOCTYPE html>
<html>
<head>
  <title>Mönchsdiamant gefunden</title>
  <style>
    p {
      font-size: 16pt;
      text-align: center;
      background-color: lightblue;
    }
  </style>
</head>
<body>
  <p>Der Mönchsdiamant wurde von Prof. Bairstone und Dr. Day entdeckt.</p>
  <p>Ernesto half, ihn aufzuspüren.</p>
  <p>Er war in einer Felsspalte versteckt.</p>
</body>
</html>
```

Element-selektor

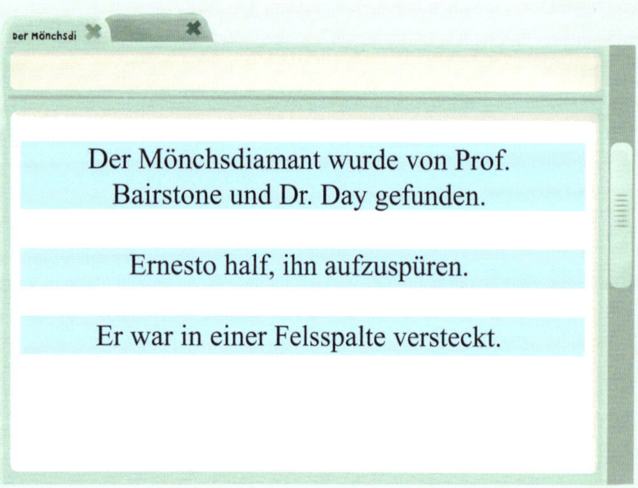

Der Elementselektor hat alle Absätze geändert, ohne dass wir ein class-Attribut in die <p>-Tags einfügen mussten.

Mission 1 DEINE AUFGABE ERSTELLE EINE WEBSEITE

In Mission 1 hast du viele HTML- und CSS-Code-Skills gelernt. Nun kannst du dein Wissen für die Webseite von Prof. Bairstone nutzen.

Aufgabe: Webseite für den Mönchsdiamant

Erstelle eine Webseite über den Fund des Mönchsdiamanten. Füge mit HTML und CSS Text und Bilder ein und erstelle ein interessantes Design. Diese Sachen gehören in deine Seite:

- **Eine Kopfzeile (header)**
- **Ein Titel (title)**
- **Text über den Mönchsdiamanten**
- **Ein Bild vom Team**
- **Ein Bild des Diamanten**
- **Zettel mit Fakten über den Mönchsdiamanten**

Speichere deine Datei im Ordner **Coding** und nenne sie **monkdiamonddiscovery.html.**

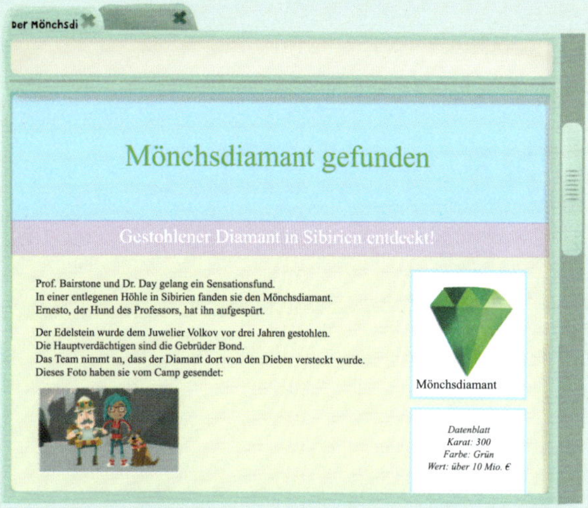


```
<!DOCTYPE html>
<html>
<head>
  <title>Der Mönchsdiamant</title>
  <style>
    body {
      margin: 0px;
    }
    .pad {
      padding: 25px;
    }
    .header {
      background-color: lightblue;
      color: green;
      height: 100px;
      font-size: 36pt;
      text-align: center;
    }
    .welcome {
      background-color: plum;
      color: white;
      font-size: 16pt;
      text-align: center;
      height: 40px;
      margin: 0px;
    }
    .main-text {
      width: 60%;
      float: left;
      background-color: beige;
    }
    .divs {
      margin: 5px;
      width: 25%;
      float: left;
      border: 4px solid lightblue;
    }
  </style>
```

```
</head>
 <body>
  <div class="header pad">
    Mönchsdiamant gefunden
  </div>
  <div>
    <p class="welcome">
      Gestohlener Diamant in Sibirien entdeckt!
    </p>
  </div>
  <div class="main-text pad">
    <p>
       Prof. Bairstone und Dr. Day machten einen sensationellen Fund.<br/>
       In einer entlegenen Höhle in Sibirien fanden sie den Mönchsdiamanten.<br/>
       Ernesto, der Hund des Professors, hat ihn aufgespürt.
    </p>
    <p>
      Der Edelstein wurde dem Juwelier Volkov vor drei Jahren gestohlen.<br/>
      Die Hauptverdächtigen sind die Gebrüder Bond.<br/>
      Das Team nimmt an, dass der Diamant dort von den Dieben versteckt wurde.<br/>
      Dieses Foto haben sie vom Camp gesendet:
    </p>
    <img src="team.jpg" alt="Das Team" style="height: 150px;"/>
  </div>
  <div class="divs pad">
    <img src="diamond.jpg" alt="Diamant" style="width: 150px;"/>
    <p style="text-align: center;">Der Mönchsdiamant</p>
  </div>
  <div class="divs pad" style="text-align: center;">
    Fakten<br/>
    Karat: 300<br/>
    Farbe: Grün<br/>
    Wert: über 10 Mio. €
  </div>
</body>
</html>
```

DEINE CODE-SKILLS

HTML und CSS sind die zentralen Programmiersprachen im Netz. Nun kennst du dich damit aus und kannst eigene Seiten erstellen. Der erste Schritt, um ein Webprofi zu werden, ist, HTML und CSS zu lernen. Du brauchst keine Vorlagen nehmen, sondern kannst eigene Layouts bauen - fantastisch! Mission vollendet!

Mission 2

ERSTELLE EIN PASSWORT

- LERNE, WIE DU WEBSEITEN MIT HYPERLINKS VERBINDEST
- WAS IST JAVASCRIPT UND WIE FUNKTIONIERT ES?
- SCHREIBE JAVASCRIPT-PROGRAMME, DIE IM BROWSER LAUFEN
- SCHÜTZE DEINE WEBSEITE MIT PASSWORT PER JAVASCRIPT

Missionsauftrag

Lieber Coder,

ich bin Dr. Ruby Day und auf Expedition mit Professor Bairstone. Eigentlich suchen wir Dinosaurierfossilien, aber wir fanden den gestohlenen Mönchsdiamanten!

Ich will dir etwas Eigenartiges berichten. Gestern untersuchten wir die Höhle, in der wir dann den Diamanten gefunden haben. Plötzlich polterte es laut, und Ernesto bellte wie verrückt. Als wir aufschauten, sahen wir einen riesigen Stein, der von oben auf uns zu rollte! Gerade noch rechtzeitig konnten wir zur Seite springen. Der Brocken landete genau dort, wo wir eben noch gestanden hatten. In der Aufregung stolperte Professor Bairstone und verstauchte sich den Knöchel.

Wir sind fest davon überzeugt, dass es kein Zufall war, dass der Felsen gerade jetzt abstürzte, denn das passierte genau in dem Moment, als wir den wertvollen gestohlenen Diamanten fanden. Der Professor glaubt, dass die Diebe von der Expedition wussten und uns wegjagen wollten. Er sagt, dass die Gebrüder Bond, die Hauptverdächtigen des Diamantenraubs, mit genau solchen miesen Taktiken arbeiten.

Wir wollen schnell hier weg und den Diamanten in Sicherheit bringen, aber leider kann der Professor wegen des verstauchten Knöchels nicht gut gehen. Während wir uns also noch in den Bergen aufhalten, sollte die Nachricht über die Entdeckung des Diamanten geheim bleiben. Ich fürchte, die Gebrüder Bond könnten die Webseite sehen, die du für den Professor erstellt hast. Dann sind wir in Gefahr. Kannst du sie bitte mit einem Passwort schützen, damit nur der Professor und ich sie anschauen können? Bitte nimm Ernesto300 als Passwort.

Danke für deine Hilfe und Mühe!

Es grüßt dich aus den gefährlichen Bergen,
Dr. Ruby Day

PS: Prof. B. bat mich, dir diesen Eintrag aus der Enzyklopädie der Entdecker zu senden.

ENZYKLOPÄDIE DER ENTDECKER
Handbuch für Abenteurer

Homepage
Inhalt
Neueste Entdeckungen
Berühmte Abenteurer
Historische Expeditionen

Die Gebrüder Bond

Aus der Enzyklopädie der Entdecker, dem Handbuch für Abenteurer

Dieser Artikel behandelt die Gebrüder Bond. Mehr über gestohlene Juwelen unter dem Stichwort **Juwelenraub**.

Die **Gebrüder Bond** sind eine internationale Bande von Juwelendieben. Laut Interpol haben sie in den vergangenen 15 Jahren Juwelen im Wert von fast 590 Mio. Euro gestohlen.

Die Gangster gehen nach einer ähnlichen Taktik vor wie die berüchtigten Pink

Panther. Die Gebrüder Bond nehmen exklusive Juwelierläden und Boutiquen in aller Welt ins Visier. Jeder Angriff ist außerordentlich gut geplant, die Zielobjekte werden schon Wochen vorher ausgekundschaftet.

Ihre Einbruchsmethoden sind vielfältig. So haben sie z. B. Allradwagen durch die Scheiben des Juwelierladens gesteuert oder sich Tunnel in den Keller von Boutiquen gegraben, um an in Safes gesicherte Juwelen zu kommen. Als Arbeiter verkleidet konnten Mitglieder der Gang auch das Personal täuschen und Vitrinen ausrauben.

Obwohl die Polizei es nicht beweisen konnte, wird allgemein angenommen, dass die Gebrüder Bond für den ungelösten Diebstahl des Mönchsdiamanten aus dem Juwelierladen Volkov in Moskau verantwortlich sind. Zwei Gangster (ein Mann und eine Frau) taten so, als suchten sie nach Verlobungsringen. Als die Frau das Personal ablenkte, brach der Mann die Vitrine des Mönchsdiamanten mit einer Spitzhacke auf. Dann flohen beide in einem Auto, das als Taxi getarnt vor der Tür wartete.

Die gesamte Videoüberwachung im Juwelierladen und draußen war in der Stunde des Raubüberfalls abgeschaltet. Interpol geht darum davon aus, dass die Gangster auch Cyber-Verbrechen verüben.

HYPERLINKS

Im Missionsauftrag bittet dich Dr. Day, ein Passwort zu erstellen. Sie will die Gebrüder Bond daran hindern herauszufinden, dass der Mönchsdiamant entdeckt wurde. In dieser Mission erfährst du alles über Passwörter.

Wir nutzen dazu eine neue Programmiersprache namens JavaScript. Aber vor dem Programmieren des Passworts lernst du, wie du die beiden Webseiten mit HTML verbindest. Denn um das Passwort für die für den Professor erstellte Seite einzugeben, brauchst du einen Link auf die Webseite.

Hyperlinks (kurz Links) findest du auf den meisten Webseiten. Die braucht man unbedingt, um Websites zu erstellen. Das sind zusammengehörige Webseiten. Der Link kann aus einem Wort oder Satz, einer Zahl oder gar einem anklickbaren Bild bestehen. Klickst du auf den Link, bringt dich der Browser entweder auf der aktuellen Seite an eine andere Stelle oder auf eine ganz andere Webseite.

Das Anker-Tag: <a> und </a>

Hyperlinks werden mit dem HTML-Tag `<a>`, erstellt, auch „Anker" genannt. Das Start-Tag ist `<a>` und das End-Tag `</a>`. Ins Start-Tag `<a>` schreibst du das href-Attribut. In diesem Attribut steht die Webadresse (auch URL genannt), mit der der Browser zur neuen Webseite verlinkt. Sehen wir es uns an:

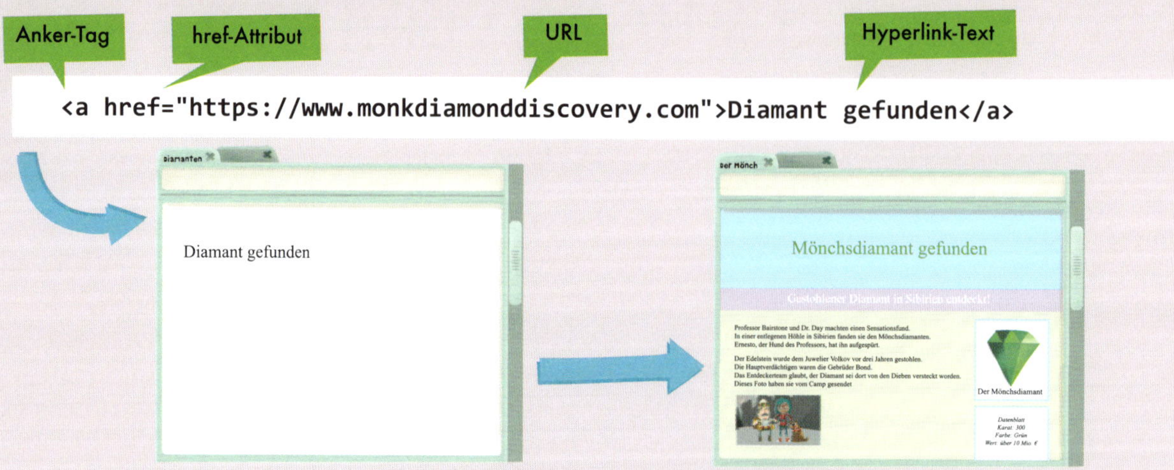

Als Wert des href-Attributs tragen wir die URL für die „Mönchsdiamant gefunden"-Seite ein. Das machen wir so wie bei allen Werten der Attribute in Mission 1: Nach dem Gleichheitszeichen (=) wird die URL in doppelte Anführungszeichen (" ") geschrieben. Der Text zwischen Start- und End-Tag `<a>` wird zum Link. Klickst du auf diesen Text, kommst du zur „Mönchsdiamant"-Seite.

CODE-SKILLS ► EINEN HYPERLINK ERSTELLEN

Links sind beim Erstellen von Websites sehr wichtig, weil man die Inhalte so viel leichter erreichen kann. Nun erstellen wir eine Seite mit einem Link.

1. Öffne deinen Texteditor. Erstelle eine neue HTML-Seite namens **links.html**. Tippe diesen Code in deine Datei ein:

```
<!DOCTYPE html>
<html>
<head>
  <title>Links</title>
</head>
<body>
</body>
</html>
```

2. Erstelle den Hyperlink, indem du in den <body> deiner Seite ein Anker-Tag <a> mit leerem href-Attribut schreibst. Dies ist der Code:

```
<body>
  <a href=" "></a>
</body>
```

3. Wähle ein Wort oder einen Satz als Text für den Hyperlink deiner Seite. Schreibe das zwischen Start- und End-Tag von <a>. Dies ist der Code:

```
<body>
  <a href=" ">Hier klicken</a>
</body>
```

4. Nun wählst du die Internetadresse, zu der der Link führen soll. Das schreibst du als Wert des href-Attributs. Dies ist der Code:

```
<body>
  <a href="https://www.google.de">
    Hier klicken</a>
</body>
```

5. Speichere die HTML-Datei und öffne sie im Browser. Dein Text steht zwischen den <a>-Tags auf dem Bildschirm. Klickst du auf den Link-Text, kommst du zu dieser Adresse.

Webseiten verlinken

Um die Infos über den Mönchsdiamant zu schützen, brauchen wir zuerst eine neue Webseite. Diese neue Website bekommt der User als Erstes zu sehen. Wenn der User das Passwort korrekt eintippt, kommt er zur Webseite über den Mönchsdiamant. Tippt er etwas Falsches, passiert nichts. Durch das Verlinken der Seiten erstellen wir eine Website.

Ein Link verknüpft die beiden Seiten. Wenn die Webseiten auf deinem PC im gleichen Ordner gespeichert sind, braucht der Browser die URL nicht. Nimm einfach den Dateinamen. Liegen die HTML-Dateien im Ordner **Coding**, sieht der Code so aus:

Dateiname

```
<a href="dateiname.html">Webseitenname<a/>
```

Wenn wir die HTML-Datei für die neue Passwort-Webseite im Ordner Coding speichern, verknüpfen wir einfach die neue Webseite mit der alten aus Mission 1 für den Professor. Dazu nehmen wir das <a>-Tag und das href-Attribut auf jeder Seite:

Seite 1: passwort.html

Dateiname

```
<!DOCTYPE html>
<html>
<head>
  <title>Passwort</title>
</head>
<body>
  <a href="monkdiamonddiscovery.html">
    Hier klicken für die
„Mönchsdiamant"-Seite</a>
</body>
</html>
```

Seite 2: monkdiamonddiscovery.html

Dateiname

```
<!DOCTYPE html>
<html>
<head>
  <title>Der Mönchsdiamant</title>
</head>
<body>
  <a href="passwort.html">
    Zum Ausloggen klick hier</a>
</body>
</html>
```

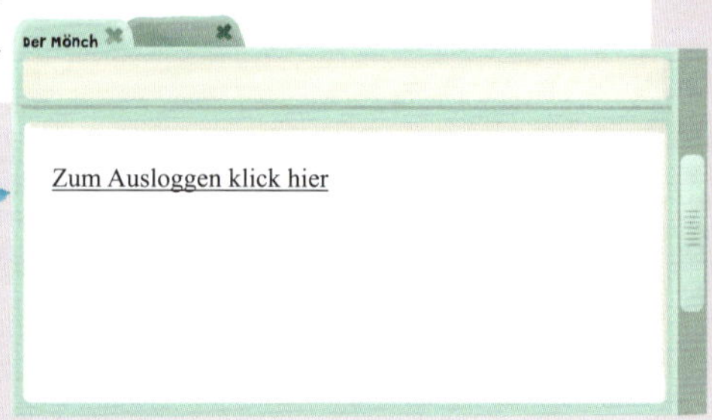

Durch Klicken auf den Link der Passwort-Seite kommst du auf die Mönchsdiamant-Webseite. Und wenn du auf den Link dort klickst, kommst du wieder zurück zur Passwort-Seite.

CODE-SKILLS ► WEBSEITEN VERLINKEN

Jetzt lernst du, wie du zwei Webseiten mit Hyperlinks verbindest und eine ganz einfache Website baust.

1. Öffne deinen Texteditor. Erstelle die neue HTML-Seite **seite1.html.** Speichere sie dann im Ordner *Coding* ab. Tippe diesen Code in deine Datei ein:

```
<!DOCTYPE html>
<html>
<head>
  <title>Seite 1</title>
</head>
<body>
</body>
</html>
```

2. Erstelle eine neue HTML-Seite namens **seite2.html**. Speichere sie dann im Ordner *Coding* ab. Dann kopierst du den Code aus **seite1.html** und fügst ihn in der neuen Datei ein. Ändere den Code, damit er so wie hier aussieht:

```
<!DOCTYPE html>
<html>
<head>
  <title>Seite 2</title>
</head>
<body>
</body>
</html>
```

3. Nun erstellst du den Link, um die erste mit der zweiten Seite zu verknüpfen. Auf der ersten Seite schreibst du das Tag <a> mit href-Attribut und als href-Wert den Dateinamen deiner 2. Seite. Dann schreibst du Text zwischen Start- und End-Tag <a>, der dann zum Link wird:

```
<body>
  <a href="seite2.html">Seite 2</a>
</body>
```

4. Öffne nun deine zweite Seite. Erstelle einen Link, der dich auf die erste Seite zurückbringt. Dies ist der Code:

```
<body>
  <a href="seite1.html">Zurück zu Seite 1</a>
</body>
```

Speichere alles und öffne es im Browser, um zwischen den Seiten zu wechseln.

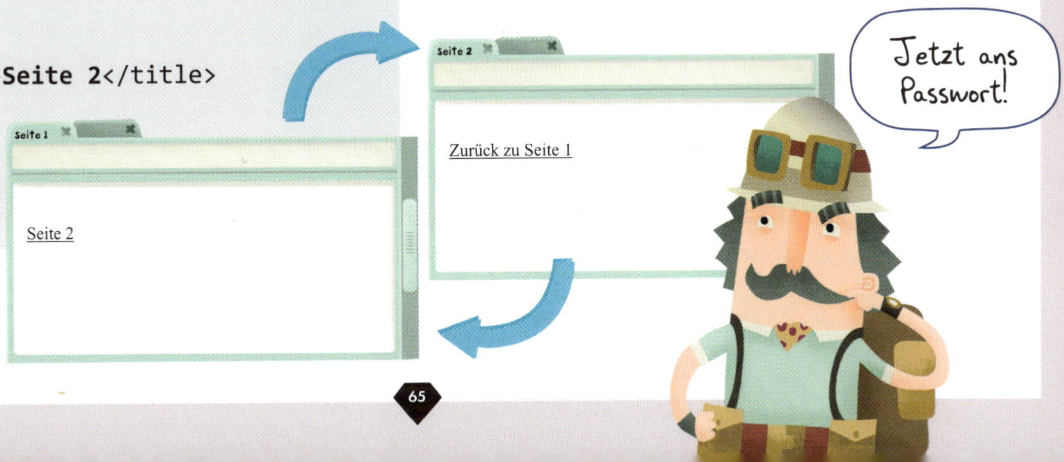

CODING MIT JAVASCRIPT

Links sind sehr wichtig, damit Webseiten auf den User reagieren können. Aber wenn wir Seiten programmieren wollen, die richtig interaktiv sind und sich verändern, wenn man damit arbeitet, brauchen wir zum HTML auch noch JavaScript.

Das ist die beliebteste Programmiersprache der Welt. Eine Webseite aus HTML und CSS wird mit JavaScript interaktiv. Damit kannst du wichtige Sachen wie Buttons und Meldungen machen und Infos speichern. In dieser Mission lernst du, mit JavaScript und HTML ein Passwort zu erstellen.

So schützt du die Infos über den Mönchsdiamanten vor dem Internet-Verbrecher bei den Gebrüdern Bond.

In Mission 1 lernten wir, dass HTML-Dokumente aus verschiedenen Elementen bestehen, die mit Attributen geändert werden. Auch JavaScript hat Regeln (die sogenannte Syntax). Die Syntax besteht aus kleinen Codestücken: den Anweisungen, Variablen, Operatoren und Funktionen. Nun lernst du, mit dieser Syntax das Passwort zu erstellen.

JavaScript auf der HTML-Seite einfügen

Bevor du JavaScript schreiben kannst, muss der Browser wissen, dass du von HTML zu JavaScript wechselst. Dazu nimmst du das `<script>`-Tag. Wenn du den JavaScript-Code nicht in ein Start- und End-`<script>`-Tag schreibst, funktioniert dein Code nicht. In deinem HTML-Dokument kannst du beliebig viele `<script>`-Tags haben. Entweder schreibst du sie auf der Seite in den <head> oder den <body>.

```
<!DOCTYPE html>
<html>
<head>
  <title>Passwort</title>
</head>
<body>
  <script>        ◄ Script-Tag
  </script>
</body>
</html>
```

Anweisungen

Schreibst du in JavaScript eine Instruktion für den Browser, nennt man das eine Anweisung. JavaScript-Programme enthalten meist sehr viele Anweisungen. Die Anweisung beginnt mit einem Schlüsselwort, das die auszuführende Aktion benennt. Sie endet stets mit Semikolon (;), und der Browser arbeitet sie eine nach der anderen ab. Betrachten wir ein paar JavaScript-Anweisungen. Wenn wir diesen Code speichern und im Browser aufrufen, passiert Folgendes:

```
<!DOCTYPE html>
<html>
<head>
  <title>Passwort</title>
</head>
<body>
  <script>
    alert("Wir brauchen ein Passwort!");
    alert("Nimm als Passwort Ernesto300");
  </script>
</body>
</html>
```

Semikolon

Anweisungen

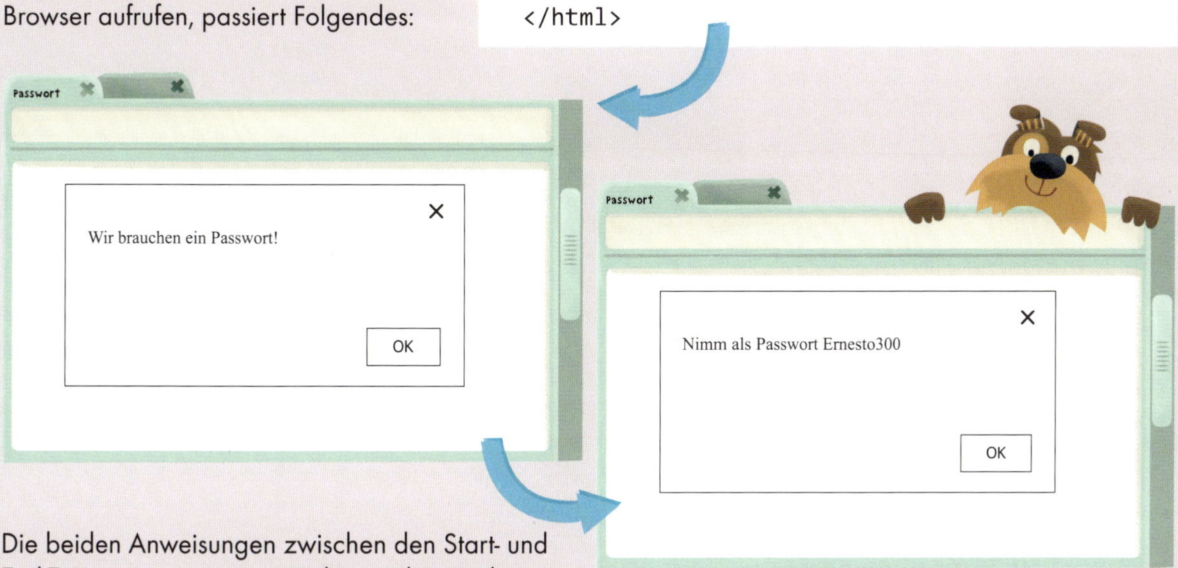

Die beiden Anweisungen zwischen den Start- und End-Tags von `<script>` wurden nacheinander abgearbeitet und sorgten für zwei Alert-Boxen mit Nachrichten. Ein Alert ist ein JavaScript-Teil, das man Funktion nennt (ist im Browser eingebaut). Darüber später in der Mission mehr.

Bei JavaScript musst du auf Groß- und Kleinschreibung achten. Wenn du einen JavaScript-Namen vergibst, darf darin kein Leerzeichen stehen. Das schreibst du am besten als „camelCase" (also mit Großbuchstaben drin).

CODE-WÖRTER

camelCase nennt man es, wenn zwei Wörter zu einem zusammengefasst werden. Das erste beginnt mit Kleinbuchstaben und das zweite mit einem Großbuchstaben, aber ohne Leerzeichen dazwischen (etwa wie ein Kamelhöcker). Ein Beispiel für camelCase wäre sagHallo.

VARIABLEN

Variablen sind für JavaScript sehr wichtig. Damit speicherst du Infos für kurze Zeit im Browser. Mit diesen Daten schreibst du Programme, die deine Webseite interaktiv machen. Ohne Variablen merkt sich der Browser keine Infos.

Wenn wir mit JavaScript ein Passwort prüfen wollen, brauchen wir eine Variable, in der das korrekte Passwort steht. Ohne Variable kann der Browser nicht prüfen, ob der Nutzer das Passwort korrekt getippt hat.

Variablen speichern Daten in Form von Wörtern oder Zahlen. Sie müssen auf bestimmte Weise programmiert werden. Vorher musst du dem Browser sagen, dass du eine Variable erstellst. Das nennt man „Variable definieren". Nun wollen wir eine Variable speichern, die den Namen von Ernesto speichert:

```
var dogName = "Ernesto";
```

var-Schlüsselwort — Variablenname — Wert

Variablen werden immer gleich geschrieben. Jedes Stück JavaScript gibt deinem Browser eine andere Info und ist wichtig, wenn du ein Programm schreibst.

Eine Variable braucht:

- **Ein Schlüsselwort**
  Um eine Variable zu definieren, musst du das Schlüsselwort var nehmen (steht für Variable). So weiß der Browser, dass du eine Variable erstellst.
- **Einen Variablenname**n
  Der nächste Teil ist der Name der Variable. Die einzige Bedingung ist, dass der Name nicht mit einer Zahl beginnen und kein Leerzeichen enthalten darf (schreibe sonst einen Großbuchstaben).
- **Einen Wert**
  Der Wert für die Variable steht hinter dem Gleichheitszeichen (=). Das nennt man „einen Wert zuweisen". Wenn der Wert der Variable ein Text sein soll, muss er in doppelten Anführungszeichen stehen (" "). In den Werten dürfen auch Leerzeichen stehen. Nach dem Wert musst du ein Semikolon (;) schreiben.

Operatoren

Operatoren sind ein weiterer wichtiger Teil von JavaScript. Damit kannst du den Wert einer Variablen ändern. Verschiedene Operatoren gehen unterschiedlich mit deiner Variablen um.

Zuweisungsoperatoren

Mit Zuweisungsoperatoren kannst du die Werte von Variablen einstellen.

Gleichheitszeichen (=): Damit gibst du der Variablen entweder eine Zahl oder ein Wort. Bei Zahlen braucht die Variable keine Anführungszeichen. Hier ein Beispiel mit Zahl-Wert:

```
var teamMitglieder = 3;
```

Zuweisungsoperator

Der Wert muss in doppelte Anführungszeichen, da er ein Wort enthält:

```
var expeditionsLeiter = "Professor Bairstone";
```

Rechenoperatoren

Mit Rechenoperatoren änderst du die Werte deiner Variablen durch mathematische Berechnungen. So erstellst du für eine Variable einen numerischen Wert.

Addition (+): Mit dem Plus-Operator addierst du Zahlen und erstellst einen Wert. Hier setzt du den Wert der Variablen campRation auf 3.

```
var campRation = 2 + 1;
```

Additionsoperator

Subtraktion (–): Mit dem Minus-Operator (–) subtrahierst du Zahlen, um einen Wert zu erstellen. Hier setzt du den hundeKuchen-Wert auf 1.

Subtraktionsoperator

```
var hundeKuchen = 5 - 4;
```

CODE-SKILLS ► VARIABLEN UND OPERATOREN NUTZEN

Variablen und Operatoren sind wesentliche Bestandteile von JavaScript. Nun schreiben wir einfaches JavaScript, um die Verwendung zu zeigen.

1. Wir können erst mit JavaScript starten, wenn es eine HTML-Datei mit einem `<script>`-Tag im <body> gibt. Öffne deinen Texteditor. Erstelle eine neue HTML-Datei namens **variables.html**. Tippe diesen Code in deine Datei ein:

```
<!DOCTYPE html>
<html>
<head>
  <title>Variablen/title>
</head>
<body>
  <script>
  </script>
</body>
</html>
```

2. Nun schreiben wir JavaScript. Erstelle eine Variable zwischen dem Start- und End-Tag von `<script>`. Gib ihr einen Namen und setze dann über den Zuweisungsoperator (=) den Wert der Variablen. Probieren wir es mit einer Zahl:

```
<script>
  var diamantKarat = 300;
</script>
```

Vergiss nicht, bei JavaScript überall in deinem Code auf Groß- und Kleinschreibung zu achten. Denke auch an das Semikolon (;) am Ende. Speicherst du diese HTML-Datei und öffnest sie im Browser, passiert nichts – aber keine Sorge! Du hast in der Variable diamantKarat 300 gespeichert.

3. Mit der alert-Funktion wollen wir nun prüfen, ob die Variable im Browser gespeichert wurde. Unter der Variablen tippe diesen Code ein:

```
<script>
  var diamantKarat = 300;
  alert(diamantKarat);
</script>
```

Damit weisen wir den Browser an, die integrierte Alert-Funktion zu starten. Der Wert in der Variablen diamantKarat wird in einem Alert ausgegeben.

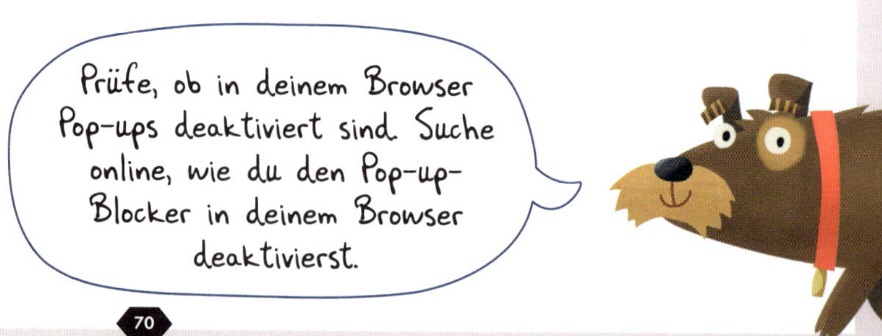

Speichere die Datei und aktualisiere die Seite. Ein Alert erscheint und du siehst den Wert der Variable diamantKarat auf dem Bildschirm. Klicke auf OK, dann verschwindet er. Aktualisiere die Seite, und der Alert erscheint wieder.

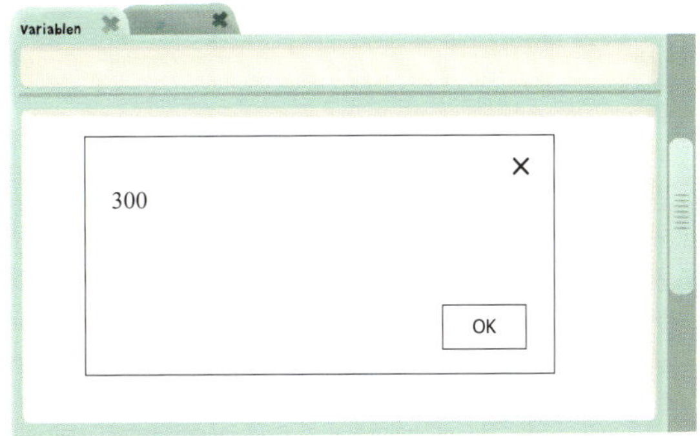

4. Nun schreiben wir eine neue Variable mit dem Additionsoperator, um die Gesamtzahl von Personen und Hunden im Team des Profs zu finden. Nennen wir die Variable teamMitglieder und setzen wir einen Alert, um ihren Wert auszugeben. Ändere den `<script>`-Block, damit er so aussieht:

```
<script>
  var teamMitglieder = 2 + 1;
  alert(teamMitglieder);
</script>
```

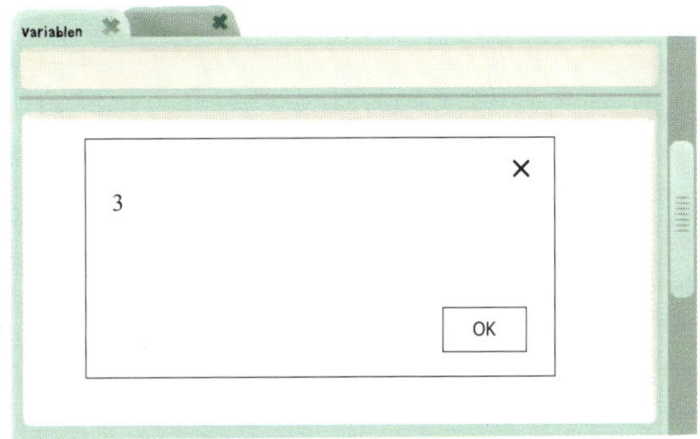

Speichere die Datei und aktualisiere die Seite. Der Alert wird den Wert der Variable teamMitglieder haben. Klicke auf OK.

5. Nun soll noch eine Variable mit Zuweisungsoperator (=) zum Speichern von Text erstellt werden. Vergiss nicht die doppelten Anführungszeichen (" ") um den Text. Gib einen Alert an, der den Wert der Variablen zeigt. Ändere den Code in der Datei wie folgt:

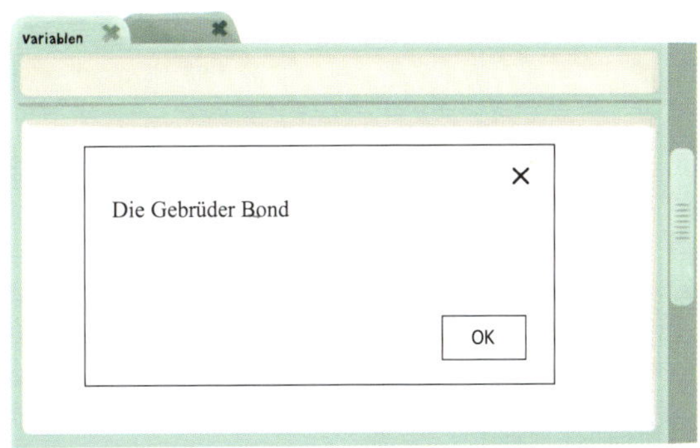


```
<script>
  var JuwelenDiebe = "Die Gebrüder Bond";
  alert(JuwelenDiebe);
</script>
```

Nach Speichern der Datei und Aktualisieren der Seite siehst du diesen Text in einem Alert.

VERGLEICHSOPERATOREN

Operatoren kann man fürs Zuweisen von Werten und Berechnungen nehmen, aber auch zum Vergleichen von Werten. Durch diesen Vergleich von Variablenwerten werden unsere Webseiten interaktiver. Mit Vergleichsoperatoren schreiben wir Code, der abhängig von den Werten verschiedene Dinge ausführt. Mit diesen Vergleichsoperatoren kannst du arbeiten:

Operator	Bedeutung
==	ist gleich
!=	ist ungleich
>	ist größer als
<	ist kleiner als
>=	ist größer oder gleich
<=	ist kleiner oder gleich

Mit diesen Operatoren kann man in JavaScript-Anweisungen Fragen zu Variablen stellen. Dann schreiben wir Code, der abhängig von der Antwort jeweils andere Sachen macht. Anweisungen für den Browser mit Vergleichsoperatoren nennt man if- und else-Anweisungen. Sie heißen auch Bedingungsanweisungen, denn sie hängen vom Wert (oder der Bedingung) der Variablen ab.

IF-ANWEISUNG

Mit if-Anweisungen kannst du dem Browser sagen, er solle eine Aktion nur machen, wenn die Bedingung zutrifft. Trifft sie nicht zu, wird der Browser diese Aktion im Code nicht ausführen.

if-Anweisungen müssen strukturiert werden: Nach dem Anweisungswort (if) kommt die öffnende Klammer und dann die Regel für die if-Anweisung. Nun öffnen wir die geschweifte Klammer ({ }). Darin schreiben wir die Instruktion, die nur dann ausgeführt wird, wenn die if-Anweisung zutrifft.

Im folgenden Beispiel wird über den Ist-gleich-Operator (==) eine if-Anweisung erstellt. Hier wird der Variablenwert über den Zuweisungsoperator (=) auf Dr. Day gesetzt. Dann soll der Browser über eine if-Anweisung prüfen, ob der Wert der Variablen gleich (==) Dr. Day ist. Trifft die Bedingung zu, dann soll er einen Alert anzeigen.

Ist-gleich-Operator

Geschweifte Klammer

```
<script>
  var person = "Dr. Day";
  if(person == "Dr. Day")  {
    alert("Hallo Dr. Day!");
  }
</script>
```

if-Anweisung

Alert

2

Wenn deren Wert nun auf etwas geändert wird, das nicht Dr. Day ist, passiert nichts. Denn die if-Anweisung trifft nicht zu (false). Der Browser startet den Code in geschweiften Klammern nicht, der Alert erscheint nicht.

```
<script>
  var person = "Ernesto";
  if(person == "Dr. Day")  {
    alert("Hallo Dr. Day!");
  }
</script>
```

Du kannst die anderen Vergleichsoperatoren der Tabelle für viele Überprüfungen nehmen. Du kannst fragen, ob etwas nicht gleich (!=) ist oder mit den Größer-als- (>) und Kleiner-als-Operatoren (<) prüfen, ob eine Zahl größer oder kleiner als eine andere ist. Schreiben wir nun mit dem Größer-als-Operator eine if-Anweisung.

Größer-als-Operator

```
<script>
  var diamantKarat = 300;
  if(diamantKarat > 299) {
    alert("Wertvoller Diamant entdeckt!");
  }
</script>
```

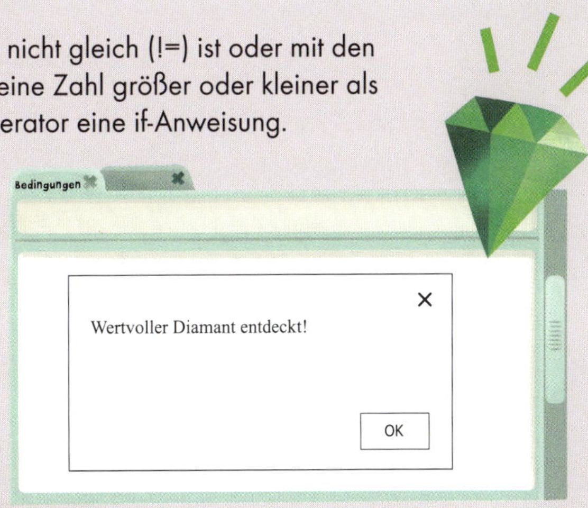

Der Variablenwert ist hier auf 300 gesetzt. Dann erstellen wir eine if-Anweisung, damit der Browser prüft, ob der Wert größer als (>) 299 ist. Trifft die Bedingung zu, dann soll er einen Alert anzeigen. Der Mönchsdiamant hat 300 Karat, deswegen erscheint der Alert.

CODE-SKILLS ► IF-ANWEISUNGEN SCHREIBEN

Mit if-Anweisungen im JavaScript-Code kannst du komplexere Programme schreiben, die sich je nach Wert in der Variablen ändern. Schreiben wir nun ein Programm mit einer if-Anweisung.

1. Öffne deinen Texteditor. Erstelle eine neue HTML-Datei namens **ifstatements.html**. Tippe diesen Code in deine Datei ein:

```
<!DOCTYPE html>
<html>
<head>
  <title>Bedingungen</title>
</head>
<body>
  <script>
  </script>
</body>
```

2. Erstelle eine if-Anweisung mit dem Ist-gleich-Operator (==). Lasse ein Alert erscheinen, wenn die Bedingung der Variablen zutrifft. Zuerst erstellst du die Variable dogName in den <script>-Tags. Darin schreibst du die if-Anweisung und den Alert. Denk dran, dass die Angaben der if-Anweisung in Klammern geschrieben werden und die für den Alert in geschweiften Klammern ({ }). Dies ist der Code:

```
<script>
  var dogName = "Ernesto";
  if(dogName == "Ernesto") {
    alert("Du hast den Mönchsdiamanten gefunden!");
  }
</script>
```

3. Speichere die HTML-Datei und öffne sie im Browser. Ein Alert erscheint.

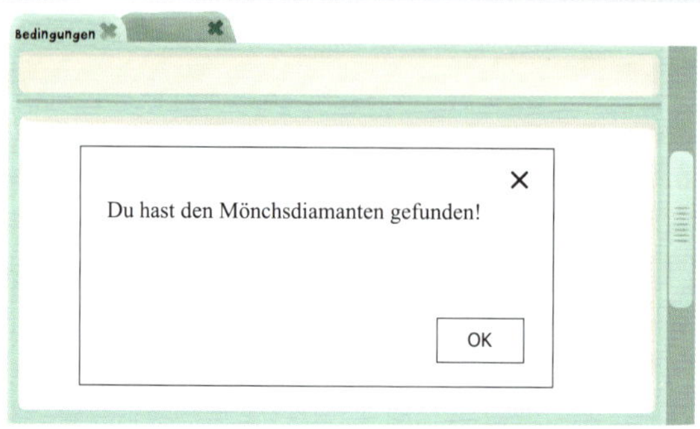

4. Setze mal den Wert der Variablen von Ernesto auf deinen Namen, sodass die Bedingung der if-Anweisung nicht zutrifft. Speichere die Datei und aktualisiere die Seite. Der Alert erscheint nicht.

ELSE-ANWEISUNGEN

Um Webseiten interaktiver zu machen, kombiniert man else- mit if-Anweisungen. Du schreibst eine else- nach einer if-Anweisung, um zu ändern, welchen Code der Browser startet. Wenn die Bedingung für if nicht zutrifft, führt der Browser die Alternative else aus.

else-Anweisungen werden genauso geschrieben wie if-Anweisungen (einzig das Schlüsselwort ist anders). Der auszuführende Code steht in geschweiften Klammern ({ }). Nun schauen wir, wie if- und else-Anweisung zusammenarbeiten:

```
<script>
  var name = "Glitzer-Toni";
  if(name == "Dr. Day") {
    alert("Zugriff erlaubt!");
  }
  else {
    alert("Zugriff verweigert!");
  }
</script>
```

else-Anweisung

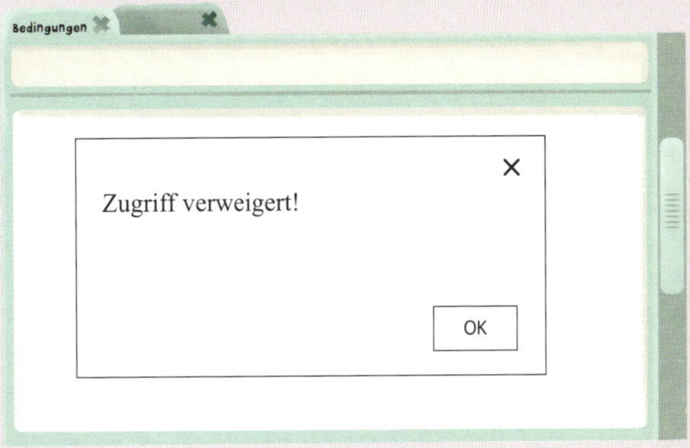

Dieser Code lässt im Browser einen Alert erscheinen. Der Wert der Variable ist der Name eines Bond-Bruders und nicht gleich (==) Dr. Day. Weil die Bedingung für if nicht zutraf, führte der Browser else aus. Aber wäre der Wert gleich (==) Dr. Day und die Bedingung für if somit wahr gewesen, dann wäre die else-Anweisung nicht ausgeführt worden. Stattdessen käme die if-Anweisung zum Einsatz, und der Alert „Zugriff erlaubt" wäre erschienen.

CODE-SKILLS ► ELSE-ANWEISUNGEN SCHREIBEN

Nun solltest du lernen, wie eine else-Anweisung mit einer if-Anweisung in JavaScript funktioniert. Dafür schreiben wir ein Programm, das beide Arten von Bedingungen nutzt.

1. Öffne deinen Texteditor. Erstelle eine neue HTML-Datei namens **elsestatements.html**. Kopiere den Code aus **ifstatements.html** hinein. Ändere den Code, damit er so wie hier aussieht:

```
<!DOCTYPE html>
<html>
<head>
  <title>Bedingungen</title>
</head>
<body>
  <script>
  </script>
</body>
```

2. Erstelle eine neue if-Anweisung im `<script>`-Block mit dem Kleiner-als-oder-gleich-Operator (<=). Setze die Bedingung der if-Anweisung auf false. Dies ist der Code:

```
<script>
  var diamondValue = 10;
  if(diamondValue <= 9.9) {
    alert("Wert: Unter 10 Mio. €!");
  }
</script>
```

3. Nun füge nach der if- eine else-Anweisung ein. Diese Anweisung wird ausgeführt, wenn die if-Anweisung nicht zutrifft. Der Code sieht so aus:

```
<script>
  var diamondValue = 10;
  if(diamondValue <= 9.9) {
    alert("Wert: Unter 10 Mio. €!");
  }
  else {
    alert("Wert: Über 10 Mio. €!");
  }
</script>
```

4. Speichere die HTML-Datei und öffne sie im Browser. Die else-Anweisung startet und gibt den Alert aus.

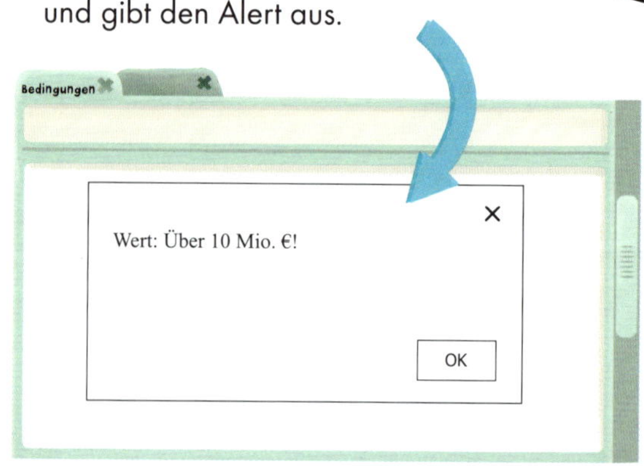

checkliste für code-Skills ✓

JAVASCRIPT SCHREIBEN

- JavaScript muss immer im <script>-Tag stehen, damit der Browser weiß, dass du von HTML zu einer anderen Programmiersprache wechselst. Die <script>-Tags schreibst du in den <head> oder <body> der Seite.
- So wie bei HTML und CSS gibt es Regeln (Syntax) für JavaScript. Auch Groß- und Kleinschreibung musst du beachten. Mit Leerzeilen im Code kannst du ihn besser lesen.
- Die Befehle, die du in JavaScript dem Browser gibst, heißen Anweisungen. Sie enden stets mit Semikolon (;). Mit geschweiften Klammern ({ }) gruppiert man Anweisungen in Codeblöcke, die zusammen vom Browser ausgeführt werden.
- Anweisungen beginnen mit einem Schlüsselwort, das sich auf die Aktion der Anweisung bezieht.
- Du kannst mit Variablen Infos im Browser speichern. Sie bestehen aus Name und Wert (entweder Text oder Zahlen). Ist der Wert Text, muss er in Anführungszeichen stehen (" "). Hat der Name zwei Wörter, schreib in camelCase.
- Um Werte anzugeben oder zu ändern, nimmst du arithmethische, Vergleichs- und Zuweisungsoperatoren.
- if- und else-Anweisungen nennt man auch Bedingungsanweisungen. Mit solchen Anweisungen kann der Code je nach Wert der Variablen verschiedene Dinge ausführen.

FUNKTIONEN

Die Arbeit mit Funktionen ist beim Schreiben von JavaScript ebenfalls sehr wichtig. Funktionen werden aus JavaScript-Anweisungen zusammengestellt. Diese Anweisungen in der Funktion führen eine bestimmte Aktion aus. Sie wird erst dann gestartet, wenn du es dem Browser sagst. Das nennt man eine Funktion. Und so erstellst du eine Funktion für einen Alert und rufst sie auf:

```
<script>
  function sayPassword() {
    alert("Passwort:");
  }
  sayPassword();
</script>
```

Funktion Schlüsselwort

Funktionsname

Anweisung

Funktionsaufruf

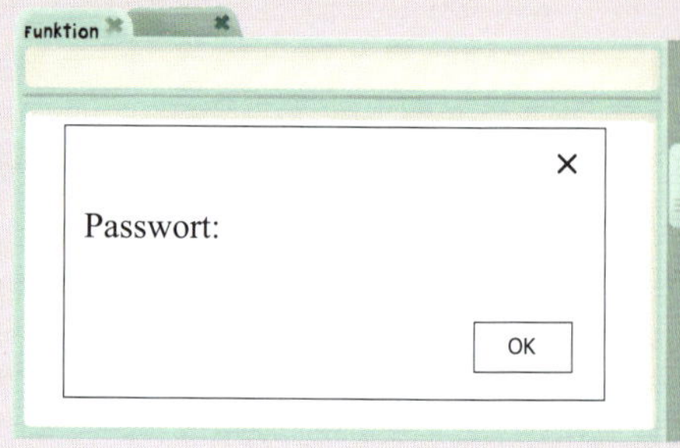

Funktionen werden stets auf die gleiche Weise geschrieben. Jeder Teil ist für den Browser sehr wichtig.

Eine Funktion benötigt:

- **Das Schlüsselwort function**
  Um eine Funktion zu definieren und zu erstellen, brauchst du das Wort function.
- **Einen Funktionsnamen**
  Dann musst du der Funktion einen Namen geben. Der Name sollte kurz sein und die Aktion der Funktion erklären. Der Name steht immer vor einem Klammernpaar.
- **Geschweifte Klammern**
  Nach dem Funktionsnamen öffnest du ein Paar geschweifte Klammern ({ }). Alle Anweisungen, die du in der Funktion gruppieren willst, schreibst du hier hinein.
- **Anweisungen**
  Anweisungen bilden den Hauptteil der Funktion. Du kannst beliebig viele Anweisungen nehmen. Der Codeblock startet im Browser, sobald du die Funktion aufrufst.
- **Einen Funktionsaufruf**
  Um die Funktion aufzurufen und den Code zu starten, musst du den Namen der Funktion (mit Klammern) tippen, gefolgt vom Semikolon. Nach Definieren der Funktion kannst du sie an beliebiger Stelle im <script>-Block aufrufen.

2

Integrierte Funktionen

Du kannst Anweisungen für eigene Funktionen gruppieren. Aber du kannst auch die im Browser integrierten Funktionen nutzen, ohne extra Code schreiben zu müssen. Das hat dir bereits ein Programmierer abgenommen. Du brauchst dem Browser nur den Namen der Funktion und die nötigen Infos zu geben.

JavaScript hat viele integrierte Funktionen. Eine hast du bereits in dieser Mission genutzt: die alert-Funktion. Dafür brauchst du nur „alert" tippen, und der Browser öffnet die Alert-Meldung. Integrierte Funktionen sparen Zeit, die du dir für komplexeres Programmieren nehmen kannst.

Funktionen und Argumente

Damit eine Funktion ihren Job erledigen kann, braucht sie manchmal extra Infos. Werden Infos in eine Funktion geschrieben, nennt man das: ein Argument übergeben.
Immer, wenn du die alert-Funktion genutzt hast, hast du auch ein Argument übergeben. Schauen wir uns so ein Argument genauer an:

Argument

Funktion

```
alert("Zugriff verweigert!");
```

Die Info in Klammern nach dem Funktionsnamen ist das Argument. Der Browser erfährt so, welcher Text in der Alert-Meldung erscheinen soll. Ohne Argument würde die alert-Funktion nicht korrekt laufen.

Argumente können als Text, Zahlen oder Variablen übergeben werden. Falls die Funktion Text als Argument nehmen soll, muss der in doppelten Anführungszeichen (" ") stehen. Übergibst du nur den Namen einer Variable, geht das auch ohne " ":

```
var GebruederBond = "Gefährliche Juwelendiebe!";
alert(GebruederBond);
```

als Argument übergebene Variable

Jede Art Funktion akzeptiert Argumente. Vielleicht fragst du dich, warum Funktionsnamen und -aufrufe immer in Klammern stehen. So kann man der Funktion ein Argument übergeben. Auf der nächsten Seite steht, wie's geht.

In Funktion eingefügtes Argument

```
<script>
  function sagHallo(name) {
    alert("Hallo " + name);
  }
  sagHallo("Dr. Day!");
</script>
```

Funktionsaufruf

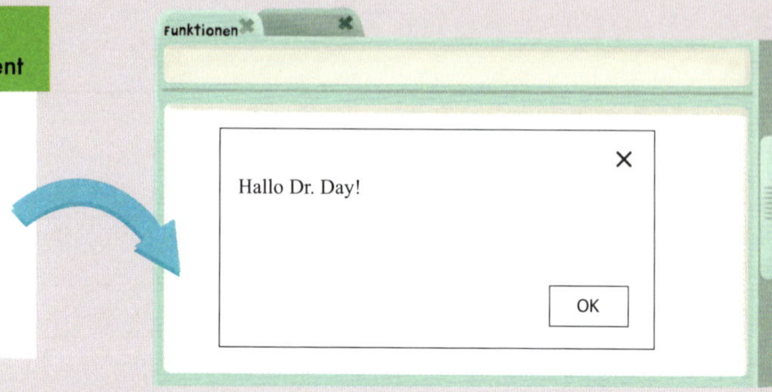

In diesem Code haben wir eine Funktion für einen Alert erstellt. Dazu bekommt die Funktion ein Argument. Ein solches Argument heißt Parameter. Dann schreiben wir den Alert, damit der Browser diesen Text und das Argument ausgibt. Anschließend sagen wir dem Browser, welcher Name in den Alert gehört, indem wir ihn in den Funktionsaufruf packen.

Die return-Anweisung

Bisher haben wir den Funktionen kleine Infos in Argumenten übergeben. Wir können aber die Funktionen Infos als Werte zurückgeben lassen. Auf Englisch heißt zurückgeben „return". Damit eine Funktion eine Information zurückgibt, brauchen wir in der Funktion eine return-Anweisung. Der Wert darin kann Text, Zahlen oder eine Variable sein und wird zum Wert der Funktion. Schauen wir uns an, wie wir Text durch eine return-Anweisung bekommen:

Funktionsname

```
<script>
  function getName() {
    return "Dr. Day";
  }
  var scientist = getName();
  alert(scientist);
</script>
```

return-Anweisung

Wert wird zurückgegeben

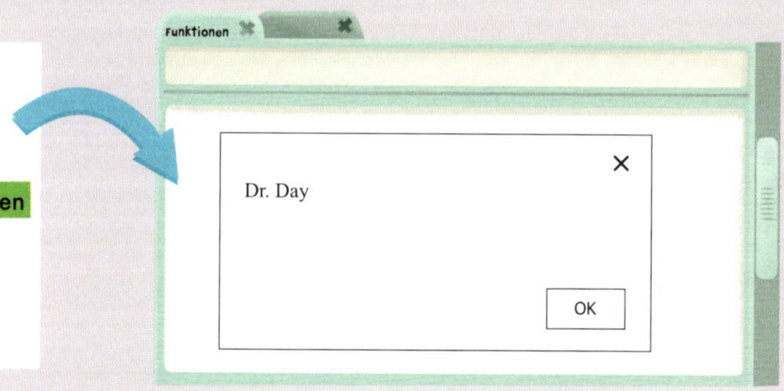

In diesem Beispiel erstellen wir eine Funktion namens getName. Unsere Funktion soll uns den Namen von Dr. Day als Wert geben. Dazu nehmen wir eine return-Anweisung und geben dieser ihren Namen als Wert. Den Funktionsnamen speichern wir dann als Variablenwert. Erscheint der Alert, steht darin der Wert des return.

CODE-SKILLS ► FUNKTIONEN UND ARGUMENTE

Nun gruppieren wir Anweisungen und erstellen eine Funktion. Dazu nehmen wir die return-Anweisung, weil sie für Dr. Days Passwort sehr praktisch ist.

1. Öffne deinen Texteditor. Erstelle eine neue HTML-Datei namens **functions.html**. Tippe diesen Code in deine Datei ein:

```
<!DOCTYPE html>
<html>
<head>
  <title>Funktionen</title>
</head>
<body>
  <script>
  </script>
</body>
</html>
```

2. Im <script>-Block erstellst du eine Funktion namens checkZugriff, die einen Alert zeigt, wenn du sie aufrufst. Dies ist der Code:

```
<script>
  function checkZugriff() {
    alert("Zugriff beschränkt!");
  }
  checkZugriff();
</script>
```

3. Speichere die HTML-Datei und öffne sie im Browser. Ein Alert erscheint.

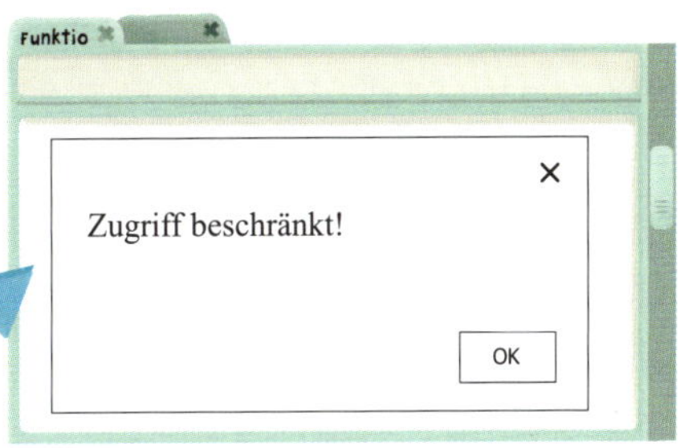

4. Nun schreibe in die Funktion checkZugriff eine return-Anweisung. Speichere den Funktionsnamen in einer Variablen. Dann soll ein Alert mit dem Wert der Variablen erscheinen:

```
<script>
  function checkZugriff() {
    return "Nur Expeditionsteam!";
  }
  var webPage = checkZugriff();
  alert(webPage);
</script>
```

Speichere und aktualisiere die Seite. Ein neuer Alert erscheint.

JAVASCRIPT MIT HTML KOMBINIEREN

In dieser Mission hast du gesehen, wie JavaScript über das `<script>`-Tag in die HTML-Seite geschrieben wird. Aber nun lernst du, wie der JavaScript-Code zum Laufen gebracht wird, wenn man auf ein HTML-Element klickt. Soll etwas passieren, wenn man auf der Seite auf Text oder Bild klickt, muss JavaScript in den HTML-Tags sein. Zum Glück gibt es dafür ein Attribut.

Das onclick-Attribut

Es ist wirklich einfach, JavaScript zu starten, wenn jemand auf ein HTML-Element der Seite klickt. Dafür brauchst du nur das onclick-Attribut im HTML-Tag, das interaktiv werden soll. Wenn man dann im Browser auf das HTML-Element klickt, startet das JavaScript.

Das onclick-Attribut ist so wie die bisherigen Attribute dieser Mission. Du fügst das Attribut ins Start-Tag des HTML-Elements ein, auf das man klicken soll. Dann setzt du den Wert von onclick mit = und " " auf das JavaScript, das gestartet werden soll. Vergiss das Semikolon (;) nicht. Du kannst beliebiges JavaScript in ein onclick packen. Sehen wir es uns an:

```
<!DOCTYPE html>
<html>
<head>
  <title>Diamantfarbe</title>
</head>
<body>
  <p onclick="alert('Grün');">
    Klicke hier, um die Farbe des Mönchsdiamanten zu sehen.
  </p>
</body>
</html>
```

onclick-Attribut

Wert in JavaScript gesetzt

Wenn jemand auf den Text zwischen Start- und End-<p>-Tag klickt, startet die JavaScript-Funktion im onclick. Ein Alert erscheint.

Gemerkt?

Für das an den Alert übergebene Argument nimmst du einfache Anführungszeichen (' '), denn die doppelten nimmst du ja schon für den onclick-Wert. In doppelten Anführungszeichen müssen immer einfache stehen oder der Code funktioniert nicht.

true und false mit return-Anweisung

Du kannst mit dem onclick-Attribut auch verhindern, dass der Browser Code ausführt. Dafür nimmst du in onclick eine return-Anweisung und setzt deren Wert auf „false".

return ist in JavaScript ein **reserviertes Wort**. Wenn du für die return-Anweisung den Wert auf „true" setzt, führt der Browser den Code weiter aus. Doch bei „false" als Wert hört der Browser sofort damit auf.

CODE-WÖRTER

Reservierte Wörter sind solche, die man nicht als Funktions- oder Variablennamen nehmen kann. Denn es handelt sich um Spezialbefehle, die der Browser versteht. Du brauchst reservierte Wörter nicht in " " zu setzen.

Hyperlinks und das onclick-Attribut

Wir können mit dem Attribut onclick und dem Wert „false" ein sehr praktisches JavaScript schreiben. Mit onclick und der return-Anweisung kannst du verhindern, dass ein Link beim Anklicken funktioniert. Das ist wichtig, wenn wir später in der Mission das Passwort festlegen. Wenn man das falsche Passwort eingibt, kommt man nicht zur Mönchsdiamant-Seite.

Dafür erstellst du zuerst einen Link genauso wie zu Missionsbeginn und nimmst dafür das Anker-Tag <a> und das Attribut href:

```
<body>
  <a href="monkdiamonddiscovery.html">
    Klicke hier für die Mönchsdiamant-Webseite
  </a>
</body>
```

Dann fügst du das onclick-Attribut und die return-Anweisung ein. Setze den Wert der return-Anweisung auf „false":

return-Anweisung

false-Wert

```
<body>
  <a href="monkdiamonddiscovery.html" onclick="return false;">
    Klicke hier für die Mönchsdiamant-Webseite
  </a>
</body>
```

Mit „false" als Wert von onclick passiert nichts, wenn jemand auf den Link klickt.

CODE-SKILLS ► HTML-CODE MIT JAVASCRIPT

Übe nun, wie JavaScript-Code per onclick-Attribut gestartet wird. Dann kannst du HTML-Elemente auf den Nutzer reagieren lassen.

1. Öffne deinen Texteditor. Erstelle eine neue HTML-Datei namens **onclick.html**. Tippe diesen Code in deine Datei ein:

```
<!DOCTYPE html>
<html>
<head>
  <title>Onclick</title>
</head>
<body>
</body>
</html>
```

2. Im <body> erstellst du einen Link, der den User zu Google bringt. Nimm das Anker-Tag <a> und das Attribut href. Der Wert ist die Google-URL. Dies ist der Code:

```
<body>
  <a href="https://www.google.com">
    Google
  </a>
</body>
```

3. Nun fügst du das onclick-Attribut ins Start-<a>-Tag. Setze den Wert von onclick auf einen JavaScript-Alert. Denke an die einfachen Anführungszeichen ' ' für das Argument. Dies ist der Code:

```
<a href="https://www.google.com" onclick="alert('Weiterleitung zu Google');">
  Google
</a>
```

4. Speichere die HTML-Datei und öffne sie im Browser. Klickst du auf den Link, erscheint ein Alert. Wenn du auf OK klickst, kommst du zu Google.

5. Nun verhindere, dass der Link zu Google führt. Nimm eine return-Anweisung im onclick:

```
<a href="https://www.google.com" onclick="return false;">
  Google
</a>
```

Speichere die Datei und aktualisiere die Seite. Klickst du auf den Link, wechselt die Seite nicht zu Google.

SEITEN MIT PASSWORT

Nun weißt du, wie mit dem onclick-Attribut HTML-Elemente interaktiv werden, und du kannst mit der Passwortseite für Dr. Day anfangen.
Dies ist die HTML-Grundstruktur der Seite:

```
<!DOCTYPE html>
<html>
<head>
  <title>Passwort</title>
<style>
  body {
    background-color: lightblue;
    padding: 30px;
  }
</style>
</head>
<body>
  <p style="font-size: 30pt;">MÖNCHSDIAMANT GEFUNDEN</p>
  <p>Bitte gib das Passwort für diese Seite ein.</p>
  <p>Passwort:</p>
  <a href="monkdiamonddiscovery.html">
    Klicke für Passworteingabe und Aufruf der Website
  </a>
</body>
</html>
```

CSS-Klasse

Hyperlink

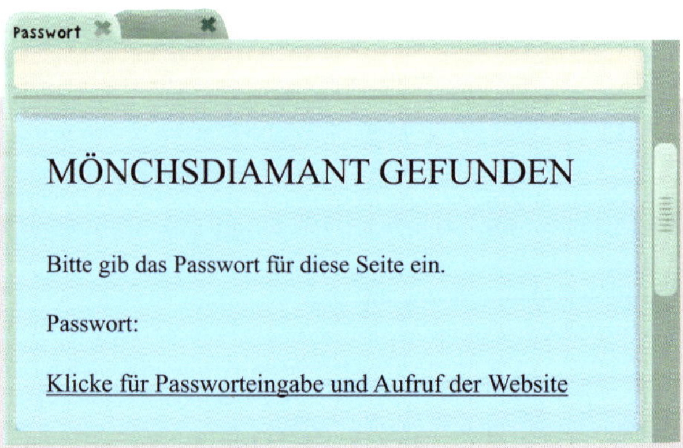

Damit wird eine einfache Webseite mit HTML und CSS erstellt. Ein Link darin führt zur Webseite „Mönchsdiamant gefunden“. Aber der User kann nirgends sein Passwort eintippen. Dazu müssen wir noch ein Eingabefeld erstellen.

Das input-Tag: <input/>

Auf Webseiten müssen oft Infos eingetippt werden. So loggst du dich z. B. in ein Konto ein, bestellst Kinokarten oder nutzt eine Suchmaschine. Das Eingeben von Daten gehört also zum Programmieren. Man nennt das Benutzereingabe.

Dafür kannst du viele Tags nutzen, aber am ehesten kommt das `<input>`-Tag zum Einsatz. Es erstellt Kästchen auf der Seite, in der etwas eingetippt werden kann. Dieses Tag ist auch selbstschließend und braucht zwei Attribute: id und type. Die Werte dafür werden, wie du inzwischen weißt, mit Gleichheitszeichen (=) und doppelten Anführungszeichen (" ") angegeben. Das `<input/>`-Tag wird wie folgt benutzt:

```
<body>
  <p style="font-size: 30pt;">MÖNCHSDIAMANT GEFUNDEN</p>
  <p>Bitte gib das Passwort für diese Seite ein.</p>
  <p>Passwort:<input id="passwortFeld" type="text"/></p>
  <a href="monkdiamonddiscovery.html">
    Klicke für Passworteingabe und Aufruf der Website
  </a>
</body>
```

type-Attribut

id-Attribut

Das `<input/>`-Tag mit zwei Attributen erstellt ein Kästchen zum Eintippen des Passworts.

Mit dem id-Attribut bekommt es einen eindeutigen Namen. Du musst den Namen für id selbst wählen. Achte darauf, dass er einfach zu merken ist. Hier ist der Wert für id auf passwortFeld gesetzt.

Damit können wir den Wert im `<input/>`-Tag fürs JavaScript nutzen. Mit dem id-Attribut sagen wir dem Browser, welche Daten er genau nehmen soll. Ohne das id-Attribut kann er das Passwort nicht finden und prüfen.

Das type-Attribut

Es gibt viele Arten von <input/>-Tags. Also musst du dem Browser mit dem type-Attribut sagen, welches es genau sein soll. Für type musst du aus vorgegebenen Werten auswählen. Dies sind häufige type-Attribute, die du im <input/>-Tag nehmen kannst:

Attributswert	Was er bewirkt
text	erstellt einen Kasten zur Texteingabe
password	erstellt einen Kasten zur Passworteingabe
button	erstellt einen anklickbaren Button (mit JavaScript)
checkbox	erstellt ein Feld, das man aktivieren/deaktivieren kann

Vielleicht ist dir auf der vorigen Seite aufgefallen, dass das Passwort lesbar angezeigt wird, wenn type auf text gesetzt ist. Nicht sonderlich sicher! Was passiert, wenn die Gebrüder Bond gerade in der Nähe sind, wenn Dr. Day das Passwort tippt?

Wenn es geheim bleiben soll, müssen wir den Wert von type auf password ändern. Das ändert das Eingetippte in Punkte. Sehen wir es uns an:

```
<body>
  <p style="font-size: 30pt;">MÖNCHSDIAMANT GEFUNDEN</p>
  <p>Bitte gib das Passwort für diese Seite ein.</p>
  <p>Passwort:<input id="passwortFeld" type="password"/></p>
  <a href="monkdiamonddiscovery.html">
    Klicke für Passworteingabe und Aufruf der Website
  </a>
</body>
```

Passwortwert

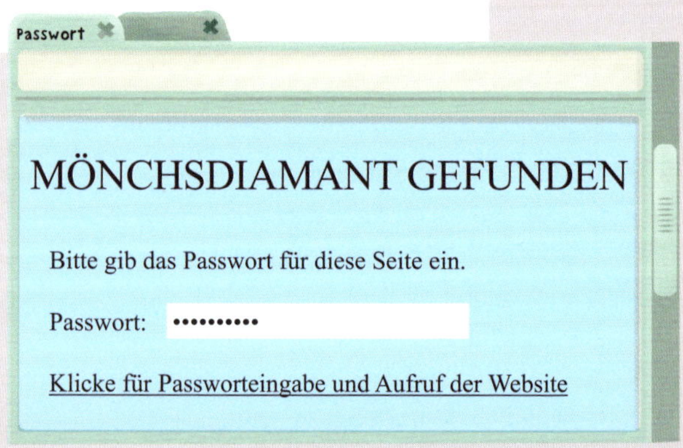

2

Passwort mit JavaScript prüfen

Die HTML-Grundstruktur steht nun. Als Nächstes schreiben wir JavaScript, das prüft, ob das eingegebene Passwort korrekt ist. Wer nun Ernesto300 eingibt, kommt auf die Seite „Mönchsdiamant gefunden". Wer etwas anderes eingibt, erhält einen Alert, dass das Passwort verkehrt ist.

Dafür brauchen wir zuerst eine Funktion für den Code, der das Passwort prüft. Diese Funktion schreiben wir in den <head>. JavaScript kann auf einer HTML-Seite an beliebiger Stelle stehen. Wenn es wie hier im <head> steht, ist es einfacher zu verstehen. Denk dran, das JavaScript gehört ins <script>-Tag:

```
<script>
  function checkPasswort() {
  }
</script>
```

Funktion

Außerdem sollen Variablen den Wert des Passworts speichern, damit die Funktion prüfen kann, ob der User es korrekt eintippt. Diese beiden Variablen brauchen wir:

```
<script>
  function checkPasswort() {
    var passwort = document.getElementById("passwortFeld");
    var passwortEingegeben = passwort.wert;
  }
</script>
```

Variable 1

Variable 2

getElementById

id-Attribut

In der ersten Variablen nutzen wir eine neue integrierte Funktion namens getElementById. Mehr über diese Funktion lernst du in Mission 3. Sie findet das HTML-Element, das im id-Attribut angegeben ist. Das hier gewählte id-Attribut ist für das <input/>-Tag. Also lautet der Wert unserer Variablen wie das, was der User ins Passwortfeld eingegeben hat.

In einer zweiten Variablen werden die ins Passwortfeld getippten Daten gespeichert. Dafür tippen wir den Namen der 1. Variable und danach einen Punkt (.), dann das Schlüsselwort des Werts. So können wir eine if-Anweisung mit dem Wert dieser Variablen schreiben.

Diese if-Anweisung machen wir jetzt. Wenn die Bedingung der 2. Variablen zutrifft und der Passworttext gleich (==) Ernesto300 ist, funktioniert der Link. Trifft die Bedingung nicht zu (der Text lautet nicht Ernesto300), klappt der Link nicht, und ein Alert erscheint. Eine else-Anweisung brauchen wir nicht, weil die return-Anweisung die Funktion stoppt.

Der komplette <script>-Block fürs Passwort mit der neuen if-Anweisung sieht so aus:

```
<script>
  function checkPasswort() {
    var passwort = document.getElementById("passwortFeld");
    var passwortText = passwort.wert;
    if(passwortText == "Ernesto300") {
      return true;
    }
    alert("Zugriff verweigert! Passwort falsch!");
    return false;
  }
</script>
```

if-Anweisung

Alert

Schließlich muss das JavaScript mit den HTML-Elementen funktionieren. Dafür schauen wir uns nun den Code im <body> der Seite an. Wir wollen die Funktion checkPasswort aufrufen, wenn jemand auf den Link der Seite klickt. Also müssen wir ins Start-<a>-Tag ein onclick-Attribut einfügen:

```
<body>
  <p style="font-size: 30pt;">MÖNCHSDIAMANT GEFUNDEN</p>
  <p>Bitte gib das Passwort für diese Seite ein.</p>
  <p>Passwort:<input id="passwortFeld" type="password"/></p>
  <a href="monkdiamonddiscovery.html" onclick="return checkPasswort();">
    Klicke für Passworteingabe und Aufruf der Website
  </a>
</body>
```

Funktionsaufruf

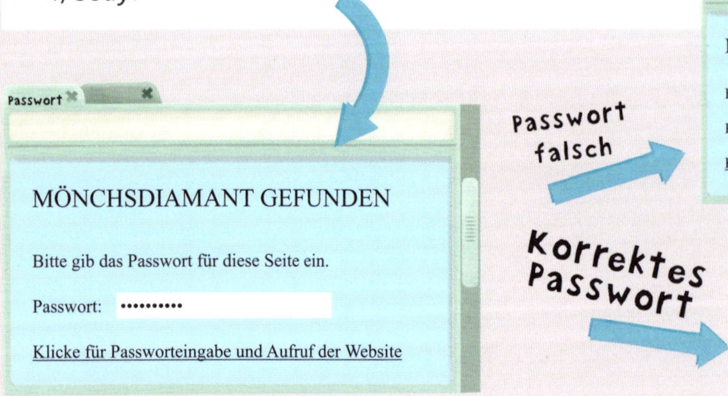

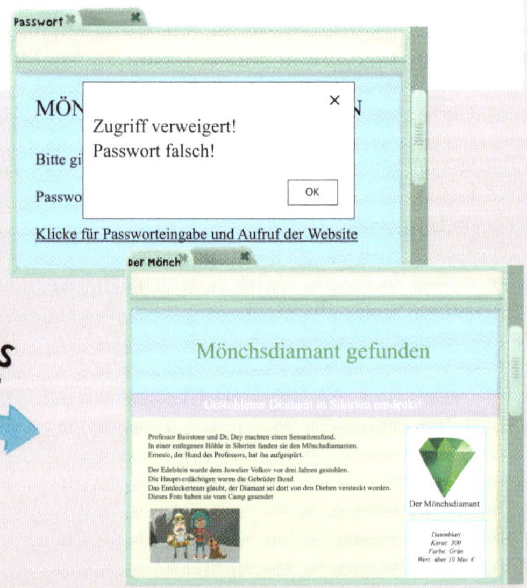

Mission 2

DEINE AUFGABE
ERSTELLE EIN PASSWORT

Nun wird es Zeit, dass du dein JavaScript-Wissen aus dieser Mission umsetzt und eine neue Webseite erstellst, bei der man ein Passwort eingeben muss. Diese Seite wird die Webseite aus Mission 1 schützen. Gibt man das richtige Passwort ein, darf man die Webseite über den Diamantenfund aufrufen. Ist es verkehrt, erscheint ein Alert, dass der Zugriff verweigert wird.

Aufgabenstellung für das Passwort

Wenn du eine neue Webseite erstellst, schreibe die folgenden Dinge anhand von HTML und JavaScript:

- **Eine Funktion**, die bei Aufruf dein Passwort prüft;
- **Variablen**, die den Wert der Daten speichern, die jemand ins Passwortfeld eingibt;
- **eine if-Anweisung**, die prüft, ob es sich um das korrekt eingegeben Passwort handelt;
- **ein Alert**, der erscheint, wenn das Passwort falsch ist;
- **ein Textfeld** zur Dateneingabe;
- **einen Link**, der diese Seite mit der Webseite über den Fund des Mönchsdiamanten verbindet;

Speichere die Datei im Ordner **Coding** als **password.html**.

```
<!DOCTYPE html>
<html>
<head>
  <title>Passwort</title>
  <style>
    body {
      background-color: lightblue;
      padding: 30px;
    }
  </style>
  <script>
    function checkPasswort() {
      var passwort = document.getElementById("passwortFeld");
      var passwortText = passwort.wert;
      if(passwortText == "Ernesto300") {
        return true;
      }
      alert("Zugriff verweigert! Passwort falsch!");
      return false;
    }
  </script>
</head>
<body>
  <p style="font-size: 30pt;">MÖNCHSDIAMANT GEFUNDEN</p>
  <p>Bitte gib das Passwort für diese Seite ein.</p>
  <p>Passwort:<input id="passwortFeld" type="password"/></p>
  <a href="monkdiamonddiscovery.html" onclick="return
    checkPasswort();">
    Klicke für Passworteingabe und Aufruf der Website
  </a>
</body>
</html>
```

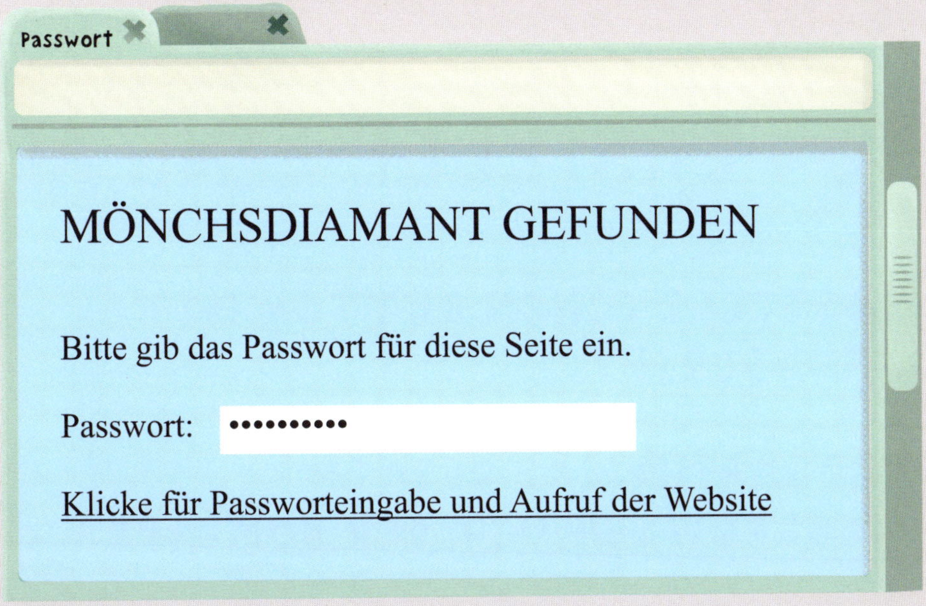

DEINE CODE-SKILLS

JavaScript ist eine leistungsfähige Programmiersprache für moderne Browser. Damit erstellst du interaktive und anpassungsfähige Webseiten, auf denen User etwas eingeben können. Auch super für Internet-Apps.

Mission 3

ERSTELLE EINE APP

- ERSTELLE EINEN BUTTON MIT JAVASCRIPT
- PROGRAMMIERE DEINEN WEBBROWSER MIT DER DOM-API
- LERNE, WIE SICH EINE WEBSEITE MIT DER LOCALSTORAGE-API DINGE MERKT
- ERSTELLE EINE APP FÜR EINE AUFGABENLISTE

Missionsauftrag

Lieber Coder,

du freust dich bestimmt, dass es keine weiteren verdächtigen Ereignisse zu berichten gibt. Ich glaube, dass deine Arbeit für Dr. Day uns sehr geholfen hat. Die Gebrüder Bond konnten nicht auf die Webseite und haben uns verloren. Du beeindruckst mich immer wieder!

Mein Knöchel ist nun wieder geheilt. Wir haben die Berge gestern verlassen und fahren jetzt mit der Transsibirischen Eisenbahn nach Moskau. Unser Abteil ist sehr luxuriös. Ich habe meinem alten Freund Viktor Volkov bereits gemailt. Wie du ja weißt, wurde ihm der Mönchsdiamant vor einigen Jahren so dreist gestohlen. Diesem Juwelier gehört einer der ältesten und renommiertesten Läden der Welt. Herr Volkov war nach dem Raub am Boden zerstört.

Ich habe ihm von unserem Fund berichtet. Zuerst konnte er es nicht glauben! Aber dann überzeugte ich ihn, und er will, dass wir schnellstmöglich mit dem Diamanten nach Moskau zurückkehren. Er plant bereits eine Sonderausstellung. Dazu wird er Edelsteinsammler aus aller Welt einladen und unsere Entdeckung verkünden.

Er braucht aber Unterstützung bei der Planung. Weil wir noch im Zug sind, hoffe ich, dass du uns wieder hilfst. Kannst du vielleicht eine App für eine Aufgabenliste erstellen? Damit könnten wir die verschiedenen Aufgaben koordinieren, die noch bis zur Eröffnung zu erledigen sind. Manchmal bin ich vergesslich, deswegen wäre so eine App toll!

Wenn die Ausstellung nicht gut (und sicher!) geplant wird, könnten die Gebrüder Bond den Diamanten erneut an sich bringen. Ich hänge ein paar Notizen an, was vor der Eröffnung erledigt werden muss, und auch Artikel aus der Enzyklopädie über den Juwelier Volkov. Das hilft dir bei der App.

Liebe Grüße aus meinem bequemen Abteil,
Professor Harry Bairstone

ENZYKLOPÄDIE
DER ENTDECKER
Handbuch für Abenteurer

Homepage
Inhalt
Neueste Entdeckungen
Berühmte Abenteurer
Historische Expeditionen

Juwelier Volkov

Aus der Enzyklopädie der Entdecker, dem Handbuch für Abenteurer

Weitergeleitet von Juwelier Volkov.

Das **Juwelierhaus Volkov** ist eines der ältesten Juwelierhäuser weltweit und ist bekannt für Diamanten höchster Qualität. Es besitzt eine berühmte Privatsammlung außergewöhnlicher Edelsteine.

Das Juwelierhaus Volkov wurde in den 1790er-Jahren in St. Petersburg von Vladimir Volkov gegründet, der wegen seiner Liebe für seltene und wertvolle Edelsteine den

3

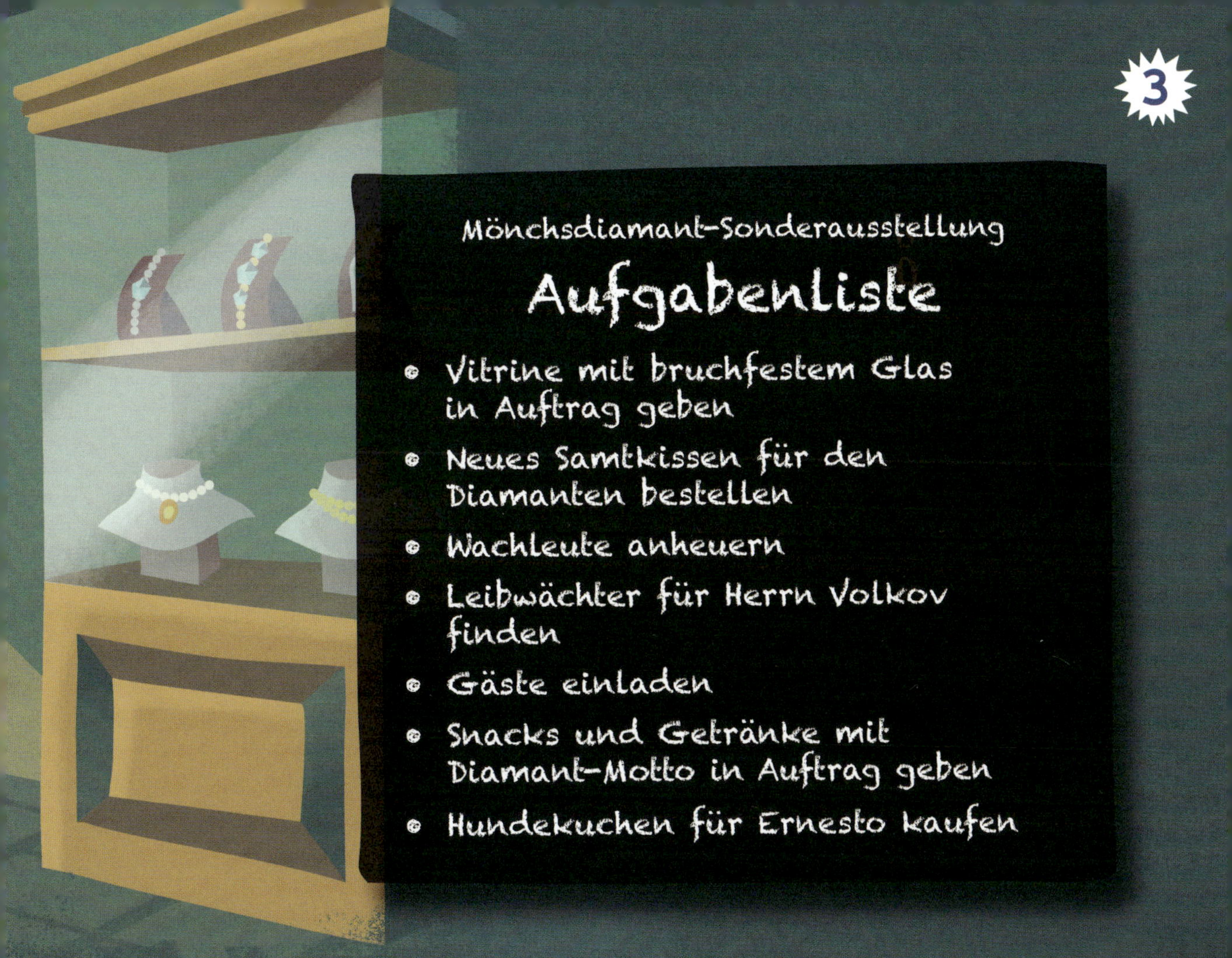

Namen Diamantenprinz verliehen bekam. Volkov wurde zum königlichen Juwelier ernannt und belieferte den russischen Adel mit edlen Schmuckstücken. Heute befindet sich das Geschäft in der Nähe der Basilius-Kathedrale in einer der exklusivsten Straßen Moskaus. Volkov-Dimanten sind von ausgesuchter Schönheit und gehören zu den teuersten der Welt.

Der jetzige Inhaber Viktor Volkov erwarb den Mönchsdiamanten bei einer Auktion. Es war das Prunkstück seiner Privatsammlung. Der wertvolle Stein wurde jedoch auf beispiellos dreiste Weise vor den Augen der Angestellten aus einer antiken Glasvitrine geraubt. Der Diebstahl konnte nicht aufgeklärt werden. Nach diesem Raub meldete Volkov einen starken Verkaufsrückgang, gerüchteweise soll das Juwelierhaus sogar verkauft werden. Herr Volkov berichtete kürzlich: „Ich wäre am Boden zerstört, wenn ich das Geschäft, das seit Generationen meiner Familie gehört, schließen müsste."

Juwelier Volkov

Branche:	Juwelier
Gegründet:	1794
Gründer:	Vladimir Volkov
Zentrale:	Moskau
Tätigkeit:	Weltweit

EINE WEBBASIERTE APP ERSTELLEN

Das wird viel Arbeit für Prof. Bairstone, Dr. Day und Herrn Volkov, die Sonderausstellung für den Mönchsdiamanten beim Juwelier Volkov zu planen. In dieser Mission hilfst du ihnen, indem du eine App schreibst, die im Browser läuft. Prof. Bairstone kann diese App als Aufgabenliste verwenden. Wenn eine Aufgabe erledigt ist, entfernt er sie aus der Liste.

Dafür lernst du ein paar neue JavaScript-Funktionen. Momentan ändern sich die Seiten nicht mehr, nachdem der Browser sie auf dem Bildschirm anzeigt. Prof. Bairstone will Aufgaben eintragen und entfernen können. Also muss die App interaktiv sein. So soll die App aussehen:
Darin ist ein Textfeld zum Eintippen. Wenn der Professor auf den Button klickt, wird die Aufgabe hinzugefügt. Nach Beendigung kann er darauf klicken, und die Aufgabe wird entfernt. Das alles kannst du mit deinem Wissen aus Mission 2 und ein paar neuen Funktionen programmieren.

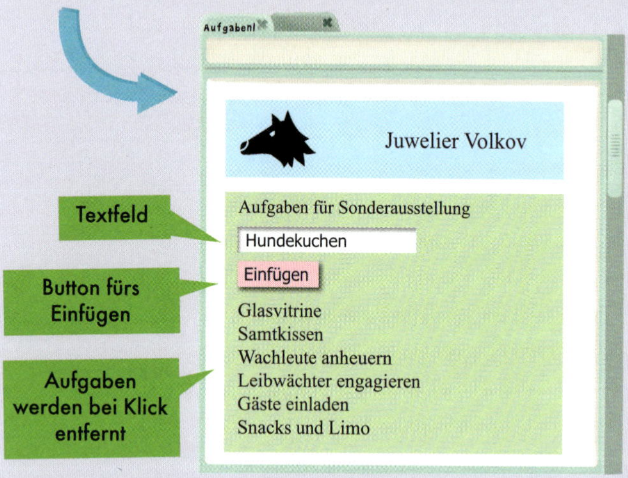

Schon gewusst?

Am besten nimmst du für diese Mission Mozilla Firefox oder Google Chrome. Nicht alle Browser besitzen die für diese Mission nötigen Fähigkeiten.

Textfeld und Button

Bevor wir neues JavaScript schreiben, legen wir die App-Struktur fest. Wir brauchen ein Textfeld und einen Button (Schaltfläche). In Mission 2 hast du das `<input/>`-Tag und das type-Attribut kennengelernt. Dieses Wissen brauchst du jetzt auch.

Mit dem `<input/>`-Tag erstellst du ein HTML-Element, in das der Nutzer Daten eintippen kann. Mit type legst du fest, welche Art Daten das sein dürfen. Für ein Textfeld und einen anklickbaren Button benötigst du folgenden Code:

```
<input type="text"/>
<input type="button"/>
```

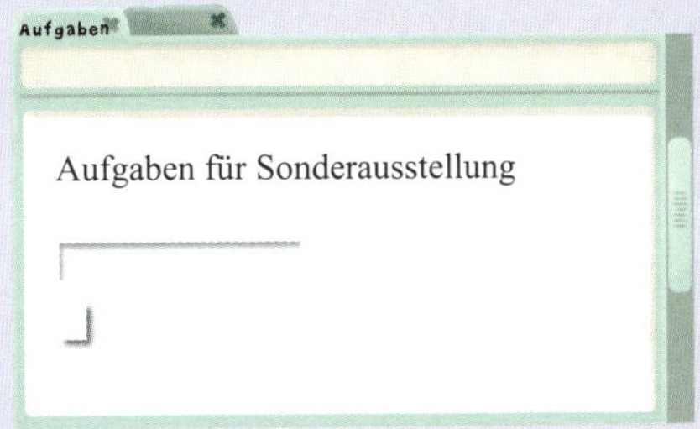

Für beides brauchst du auch eine Beschriftung, damit man weiß, was hier zu tun ist. Das erledigen wir mit einem neuen Wert für die <input/>-Tags:

```
<input type="text" value="Aufgabe eintippen"/>
<input type="button" value="Einfügen"/>
```

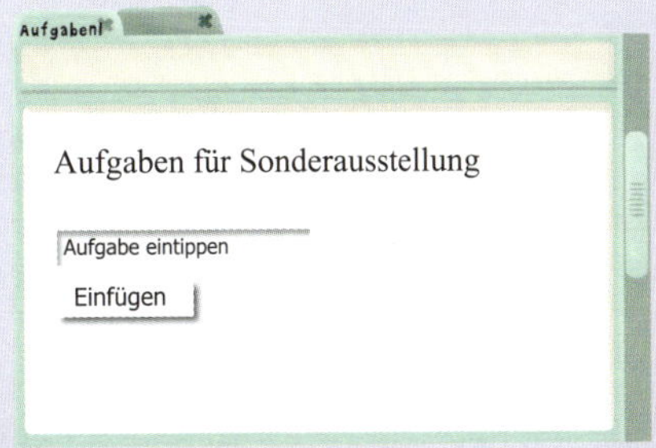

Dann ändern wir das CSS für die <input/>-Tags und machen sie schöner. Das erledigen wir mit CSS-Klassen wie in Mission 1. Aber diesmal nehmen wir keinen Namen für die Klasse, sondern den Attributselektor, um den Button zu formatieren. Schauen wir uns den Codeblock an:

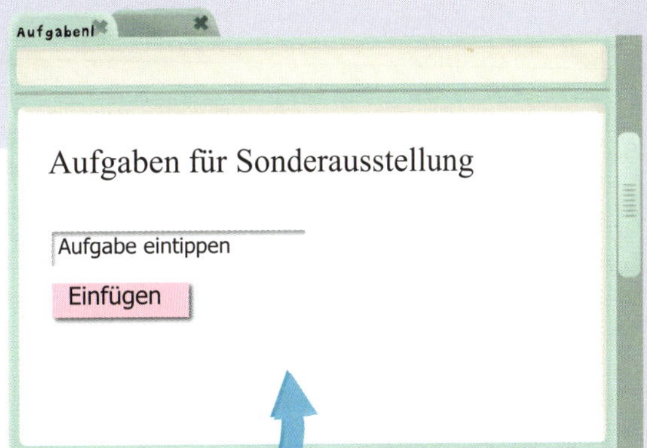


```
<!DOCTYPE html>
<html>
<head>
  <title>Aufgabenliste-App</title>
  <style>
    input[type="button"] {
      background-color: pink;
    }
  </style>
</head>
<body>
  <p>Aufgaben für Sonderausstellung</p>
  <br/>
  <input type="text" value="Aufgabe eintippen"/>
  <br/>
  <input type="button" value="Einfügen"/>
  <br/>
</body>
</html>
```

Dies ist der CSS-Attributselektor type. Er findet das gewählte type-Attribut und formatiert es mit CSS.

type-Attribut

Aber wenn du ins Textfeld schreibst oder den Button anklickst, passiert nichts. Wenn beides funktionieren soll, brauchen wir mehr JavaScript.

CODE-SKILLS ► SO ERSTELLST DU EINEN BUTTON

Als Erstes erstellen wir für Prof. Bairstones App einen Button. Für Textfeld und Button nimmst du <input/>-Tags.

1. Öffne deinen Texteditor. Erstelle eine neue HTML-Datei namens **app.html**. Tippe diesen Code ein:

```
<!DOCTYPE html>
<html>
<head>
  <title>Aufgabenliste-App</title>
</head>
<body>
  <p>Aufgaben für Sonderausstellung</p>
  <br/>
  <br/>
  <br/>
</body>
</html>
```

2. Mit dem <input/>-Tag erstellst du ein Textfeld und einen Button im <body>. Denk dran, dass im <input/>-Tag zwei Attribute stehen müssen: type und value. Im value-Attribut steht der Text, der bei Textfeld und Button erscheint. Dies ist der Code:

```
<body>
  <p>Aufgaben für Sonderausstellung</p>
  <br/>
  <input type="text" value="Aufgabe eintippen"/>
  <br/>
  <input type="button" value="Einfügen"/>
  <br/>
</body>
```

3. Speichere die HTML-Datei und öffne sie im Browser. Du siehst nun das Textfeld und den Button.

   Erstelle nun eine CSS-Klasse und ändere über den Attributselektor die Farbe des Buttons.

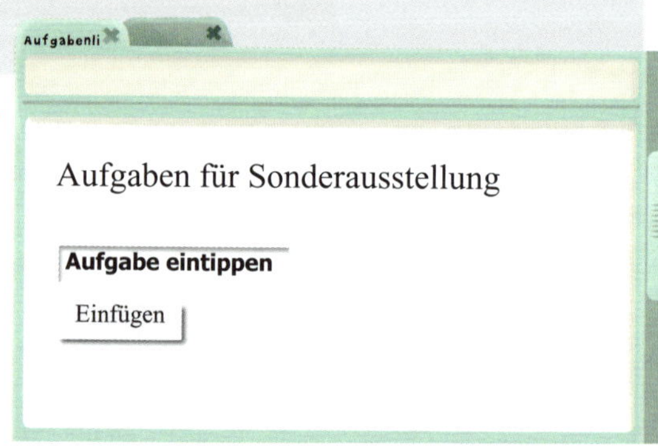

Buttons führen den Code aus

Nun soll der Button in der App interaktiv werden. Damit der Button beim Anklicken JavaScript ausführt, müssen wir in sein `<input/>`-Tag das onclick-Attribut einfügen (siehe Mission 2). Beim Anklicken soll eine JavaScript-Funktion aufgerufen werden. Dafür brauchst du nur dem onclick-Attribut den Namen genau dieser Funktion zu geben.

Nun schreiben wir eine Funktion, die durch Klick einen Alert erscheinen lässt. Zuerst erstellst du die JavaScript-Funktion. Dann ergänzt du das onclick-Attribut im `<input/>`-Tag. Zuletzt kommt der Wert fürs onclick, also der Name der Funktion. Nimm das Gleichheitszeichen (=) und doppelte Anführungszeichen (" "). Dies ist der Code:

```
<!DOCTYPE html>
<html>
<head>
  <title>Aufgabenliste-App</title>
  <script>
    function einfuegenAufgabe() {
      alert("Hundekuchen kaufen!");
    }
  </script>
</head>
<body>
  <p>Aufgaben für Sonderausstellung</p>
  <br/>
  <input type="text" value="Aufgabe eintippen"/>
  <br/>
  <input type="button" value="Einfügen" onclick="Einfügen();"/>
  <br/>
</body>
</html>
```

JavaScript-Funktion

Alert

Funktionsname

input-Tag

Button

onclick-Attribut

Wenn du jetzt auf den Button klickst, ruft onclick die JavaScript-Funktion auf, und der Alert erscheint.

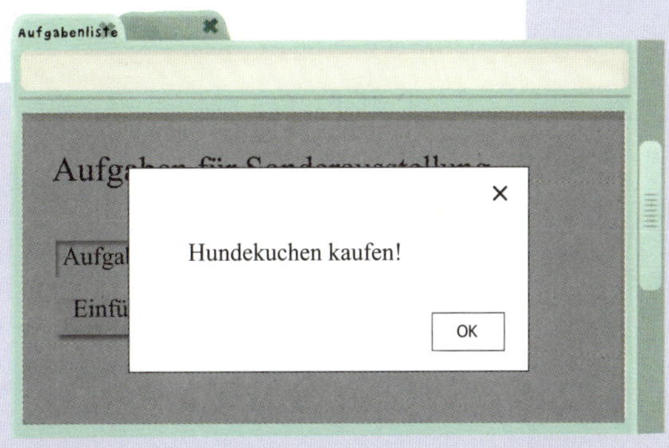

CODE-SKILLS ► BUTTONS FÜHREN DEN CODE AUS

Erstelle einen Button mit onclick-Attribut, der einen Alert erscheinen lässt.

1. Öffne deinen Texteditor. Erstelle eine neue HTML-Datei namens **newelements.html**. Kopiere den Code aus **app.html** in die neue Datei. Im <body> ruft nun ein onclick-Attribut eine JavaScript-Funktion auf:

```
<!DOCTYPE html>
<html>
<head>
  <title>Aufgabenliste-App</title>
</head>
<body>
  <p>Aufgabenliste-App für Sonderausstellung</p>
  <br/>
  <input type="text" value="Aufgabe eintippen"/>
  <br/>
  <input type="button" value="Einfügen" onclick="Einfügen();"/>
  <br/>
</body>
</html>
```

2. Schreibe das <script>-Tag in den <head>. Erstelle eine JavaScript-Funktion, die beim Aufrufen einen Alert anzeigt. Dies ist der Code:

```
<head>
  <title>Aufgabenliste-App</title>
  <script>
    function einfuegenAufgabe() {
      alert("Wachleute anheuern!");
    }
  </script>
</head>
```

3. Speichere die Datei und öffne sie im Browser. Durch Klick gibt der Button nun einen Alert aus.

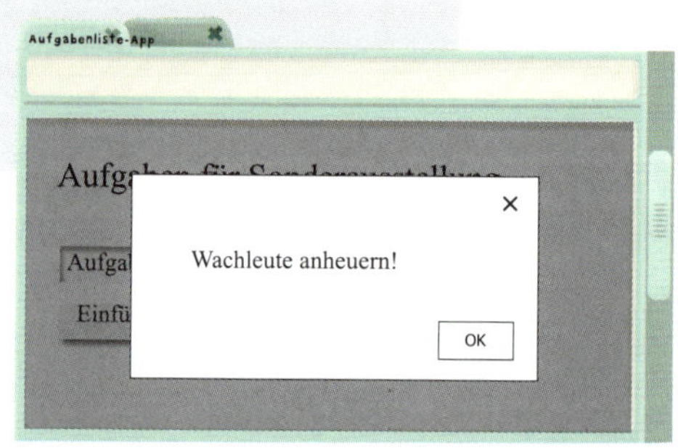

DAS DOCUMENT OBJECT MODEL (DOM)

In der App funktionieren nun Textfeld und Button. Doch wie kann der Professor in der Liste Aufgaben eintragen und löschen? Dafür brauchen wir das DOM (Document Object Model).

In Mission 1 hast du gelernt, dass man eine HTML-Datei auch Dokument nennt. Wie du weißt, bestehen HTML-Dokumente aus vielen kleinen HTML-Teilen, den HTML-Elementen. Wenn wir die HTML-Datei speichern und den Code im Browser aufrufen, „malt" der Browser die Elemente auf den Bildschirm. Für die App soll es nun möglich sein, nach dieser „Malaktion" noch HTML-Elemente ändern, löschen oder einfügen zu können.

Wie bereits in Mission 2 gesehen, sind integrierte Funktionen wie der Alert beim Programmieren sehr praktisch. Das DOM ist wie eine Gruppe solcher Funktionen, die im Browser funktionieren. Diese integrierten Funktionen erlauben, ganz einfach dynamische Webseiten zu erstellen, die sich je nach Eingaben ändern können.

Programmierschnittstellen

Das DOM ist eine API (Application Program Interface), eine „Schnittstelle". Beim Programmieren nutzt du dessen integrierte Funktionen mit HTML und JavaScript. Die alert-Funktion aus Mission 2 ist eine integrierte Funktion. Anstatt einen Alert komplett selbst zu schreiben, tippst du nur das Schlüsselwort alert. Dann weiß der Browser Bescheid. Das DOM funktioniert ähnlich. Mit seinen integrierten Funktionen ändern wir das HTML-Dokument nach Erscheinen auf dem Bildschirm.

Mit dem DOM erstellen wir Webseiten, die sich je nach Benutzereingabe ändern. Wenn die Aufgabenliste also interaktiv werden soll und Prof. Bairstone Aufgaben ergänzen oder löschen will, brauchen wir die Methoden und Eigenschaften des DOM.

CODE-WÖRTER

Application Program Interfaces (APIs) sparen viel Zeit beim Programmieren, denn sie enthalten Funktionen. Anstatt den Code dieser Funktionen selbst zu schreiben, nimmst du einfach die Funktionen der API. Es gibt APIs für alle möglichen Sachen: Infos speichern oder Inhalte einfügen.

Das DOM einsetzen

Die DOM-API ist in einer speziellen „Hierarchie" strukturiert, ein bisschen wie ein Stammbaum. Diese Struktur nennt man Dokumentobjekt. Im Dokumentobjekt sind alle einzelnen HTML-Elemente miteinander verbunden, so wie Familien mit Eltern und Kindern. Durch seine Struktur kannst du es mit einer anderen Programmiersprache wie JavaScript verwenden, um HTML-Elemente im Dokument zu nutzen, zu ändern, zu ergänzen oder zu löschen.

Mit dem DOM kannst du einzelne HTML-Elemente korrigieren, nachdem sie schon auf dem Bildschirm angezeigt wurden. Mit den Methoden und Eigenschaften des DOMs findest du ein HTML-Element auf der Seite und kannst es mit JavaScript modifizieren oder entfernen.

Damit unsere App interaktiv wird, sollten wir die Methoden und Eigenschaften zusammen mit JavaScript lernen. Prof. Bairstone soll seine Aufgaben auf dem Bildschirm sehen und weitere einfügen oder einzelne löschen können.

DOM-Methoden & -Eigenschaften

Wenn du die ins DOM integrierten Funktionen nutzen willst, musst du dem Browser sagen, dass du auf die API zugreifen willst. Dafür musst du immer diesen Code vor den Beginn einer Anweisung für das DOM tippen.

```
document.
```

Punktierte Note

DOM-Schlüsselwort

Nun weiß dein Browser, dass du das DOM nutzen willst. Sag ihm, welche Funktionen es genau sein sollen. Mit den im DOM integrierten Funktionen (Methoden und Eigenschaften) kannst du HTML-Elemente ändern. Eine Methode ist eine Aktion, z. B. das Einfügen/Entfernen eines HTML-Elements. Eine Eigenschaft ist ein Wert, den du nutzen oder variieren kannst, z. B. indem du den Inhalt eines HTML-Elements auf Text setzt.

Wenn du eine Methode oder Eigenschaft nutzen willst, trennst du das DOM-Schlüsselwort von der DOM-Methode oder -Eigenschaft mit einem Punkt (.). Weil du mit dem DOM auf ein HTML-Element deiner Seite zugreifen kannst, kommt „Element" in vielen DOM-Methoden vor. In Mission 2 hast du eine solche Methode mit JavaScript benutzt. Das war dieser Code:

```
document.getElementById("passwort");
```

DOM-Schlüsselwort | Punkt | DOM-Methode | id-Attribut

Hier sagen wir dem Browser, er solle das DOM nutzen. Dann suchen wir über die Methode getElementById ein HTML-Element. Schließlich weisen wir den Browser an, das HTML-Element mit diesem id-Attribut zu finden.

Schon gewusst?

Wenn Code durch Punkte (.) getrennt ist, heißt das Punktnotation. So weiß der Browser: Jetzt kommen DOM-Eigenschaften und -Methoden.

3

Mit dem DOM die App ändern

Mit einer DOM-Methode finden wir ein HTML-Element über dessen id-Attribut. Dann können wir mit einer DOM-Eigenschaft dessen Inhalt ändern. Schauen wir uns an, wie das geht.

Die Methode getElementById

Die Methode getElementById ist praktisch, wenn du ein bestimmtes HTML-Element im Code suchst. Um sie zu nutzen, musst du das id-Attribut eintragen, das du dem HTML-Element in Klammern nach dem Schlüsselwort gegeben hast:

DOM — Methoden-Schlüsselwort — das gesuchte id-Attribut

```
document.getElementById("Liste");
```

Hier soll der Browser das HTML-Element der Webseite mit dem id-Attribut „Liste" finden.

Die Eigenschaft innerHTML

Mit innerHTML aus dem DOM kannst du HTML-Elemente der App verändern. Dann kannst du den Inhalt des HTML-Elements als Wert im JavaScript-Code nehmen.

Variable — HTML-Element

```
var zeigeListe = document.getElementById("Liste");
alert(zeigeListe.innerHTML);
```

Alert — id-Attribut — innerHTML, das du ändern willst

Hier haben wir eine Variable erstellt, deren Wert anhand des id-Attributs auf den Inhalt des HTML-Elements namens „Liste" gesetzt ist. Außerdem haben wir einen Alert erstellt. Der Alert poppt mit dem Wert der Variablen auf. Der Browser kann diese Info nutzen, weil wir die innerHTML-Eigenschaft der Variable angegeben haben.

So lässt du durch die getElementById-Methode und die Eigenschaft innerHTML einen Alert erscheinen:

```
<!DOCTYPE html>
<html>
<head>
  <title>Aufgaben-Alert</title>
</head>
<body>
  <div id="Liste">Neues Halsband für Ernesto</div>
  <script>
    var zeigeListe = document.getElementById("Liste");
    alert(zeigeListe.innerHTML);
  </script>
</body>
</html>
```

id-Attribut

innerHTML-Eigenschaft

getElementById-Methode

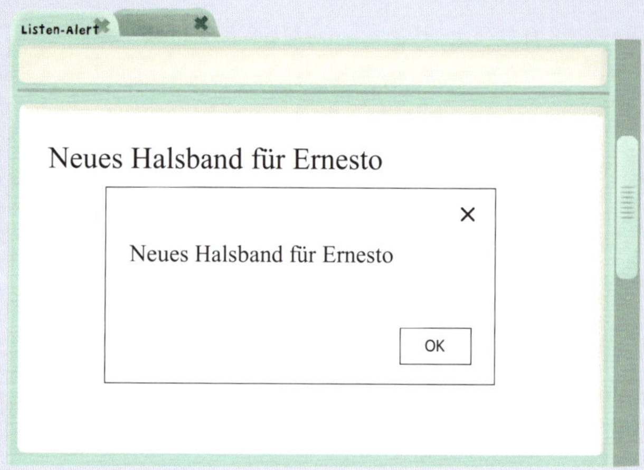

In diesem Beispiel finden wir das <div>, das das id-Attribut „Liste" enthält, durch die Methode getElementById. <div>-Tags kennst du ja noch aus Mission 1. Das sind Container für Inhalte, und du kannst damit deine Seite in Abschnitte unterteilen.

Wir haben den Inhalt dieses <div>s in einer Variablen gespeichert. Dann geben wir mit innerHTML den Text für den Alert durch den Variablenwert an. Wenn der Text im <div> sich ändert, ändert sich auch der Text für den Alert, ohne dass man neuen Code schreiben muss.

CODE-SKILLS ► METHODEN UND EIGENSCHAFTEN

Schauen wir uns an, wie man mit der Methode getElementById und der Eigenschaft innerHTML den Inhalt eines HTML-Elements findet.

1. Öffne deinen Texteditor. Lege eine neue HTML-Datei namens **newelements.html** an. Im <body> erstellst du mit <input/>-Tag einen Button. Schreibe auch ein leeres <div> hinein:

```
<!DOCTYPE html>
<html>
<head>
  <title>Methoden</title>
</head>
<body>
  <input type="button" value="Einfügen"/>
  <div id="Container"></div>
</body>
</html>
```

2. Erstelle nun im <head> eine JavaScript-Funktion mit der Methode getElementById, um das leere <div> zu finden. Mit innerHTML ergänzt du das leere <div> mit Text:

```
<script>
  function einfuegenAufgabe() {
    document.getElementById("Container").innerHTML = "Aufgabe merken";
  }
</script>
```

3. Dann soll der Button diese JavaScript-Funktion nach Klicken aufrufen. Füge das onclick-Attribut in das <input/>-Tag ein und gib als Wert dafür den Namen der Funktion an:

```
<input type="button" value="Einfügen" onclick="Einfügen();"/>
<div id="Container"></div>
```

4. Speichere die HTML-Datei und öffne sie im Browser. Du siehst einen Button. Klickst du darauf, wird der innerHTML-Text ins <div> eingefügt.

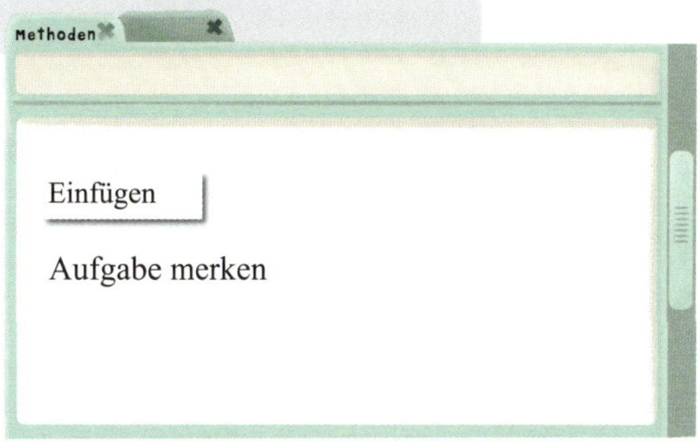

Aufgaben mit DOM auf die Liste setzen

Nun kannst du Methoden und Eigenschaften des DOM nutzen, um HTML-Elemente in der App zu finden und zu ändern. Gleich lernst du, wie du mit dem DOM neue HTML-Elemente einfügst. Denn der Professor will ja Aufgaben in der Liste eintragen. Im DOM stehen dir dafür zwei JavaScript-Methoden zur Verfügung.

Die Methode createElement

So kannst du ein neues HTML-Element wie <div>, einen Button oder Absatz erstellen. Du musst den Namen des HTML-Elementtyps in " " schreiben und nach dem Schlüsselwort Klammern setzen:

DOM

Methoden-Schlüsselwort

HTML-Element, das du erstellen willst

```
document.createElement("div");
```

Dann weist du das neue Element mit JavaScript einer Variablen zu und nimmst dafür den Zuweisungsoperator (=) aus Mission 2. Mit der Eigenschaft innerHTML legst du den Inhalt des neuen Elements fest, bevor der Browser es auf dem Bildschirm anzeigt.

Die Methode appendChild

Mit appendChild fügst du ein neues HTML-Element in ein vorhandenes ein. Das neue Element erscheint dann auf dem Bildschirm unterhalb des vorhandenen. Du schreibst das einzufügende HTML-Element in Klammern hinter das Schlüsselwort:

<div> erstellen

```
<script>
  var neuesDiv = document.createElement("div");
  neuesDiv.innerHTML = "Professor Bairstone";
  document.body.appendChild(neuesDiv);
</script>
```

innerHTML angeben

Ort

appendChild

Gemerkt?

Alle DOM-Methoden und -Eigenschaften schreibt man in camelCase.

Schauen wir uns ein Beispiel für createElement und appendChild an und wie man damit ein neues HTML-Element auf die Seite bringt. Das HTML-Element soll ein <div> mit Text sein. Auch mit einem <div> kannst du prima einen Abschnitt oder einen Container für HTML-Elemente erstellen.

```
<!DOCTYPE html>
<html>
<head>
  <title>Aufgabenliste-App</title>
</head>
<body>
  <div id="Liste">Aufgabenliste</div>
  <script>
    var neueAufgabe = document.createElement("div");
    neueAufgabe.innerHTML = "Aufgabe erfasst";
    document.getElementById("Liste").appendChild(neueAufgabe);
  </script>
</body>
</html>
```

id-Attribut

createElement

Variable

<div> erstellen

appendChild

HTML-Element einfügen

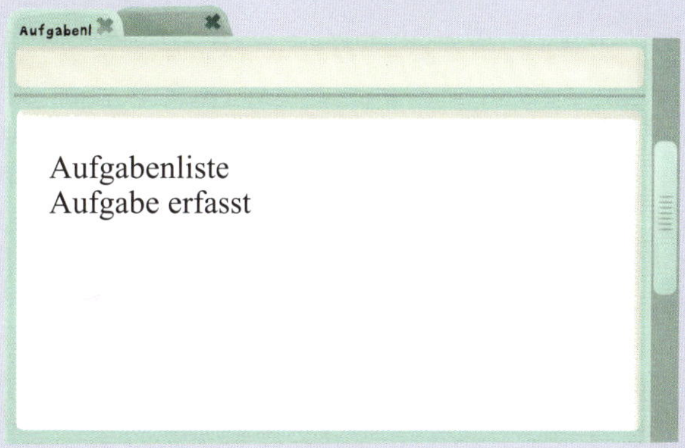

Zuerst haben wir ein <div> geschrieben und das id-Attribut auf Liste gesetzt. In dieses <div> wird das neue HTML-Element mit appendChild eingefügt.

Dann öffnen wir das <script>-Tag und erzeugen JavaScript-Code. In der ersten Zeile erstellen wir mit createElement ein <div>. Dieses neue <div> wird dann in einer Variable namens neueAufgabe gespeichert. Du kannst einen beliebigen Namen nehmen.

In der nächsten Zeile wird der Wert der Variablen mit innerHTML auf Text gesetzt. Das neue <div> enthält nun Text und ist in der Variablen gespeichert.

In der letzten Zeile soll mit getElementById das erste <div> mit id-Attribut gesucht werden. Mit appendChild wird das in der Variablen gespeicherte <div> in das erste <div> der Seite eingefügt.

Nach Ausführen des Codes im Browser sehen wir, dass das neue <div> in das erste <div> eingefügt wurde.

CODE-SKILLS ► NEUE HTML-ELEMENTE EINFÜGEN

Nun kannst du die Methoden createElement und appendChild ausprobieren. Im Code erstellst du mit DOM und JavaScript ein neues HTML-Element, wenn ein vorhandenes Element angeklickt wird. Mit solchen APIs wie DOM schreibst du Apps einfacher.

1. Öffne deinen Texteditor. Erstelle eine neue HTML-Datei namens **newelements.html**. Schreibe ein <div> (mit id-Attribut), das Text enthält:

```
<!DOCTYPE html>
<html>
<head>
  <title>Neue Elemente</title>
</head>
<body>
  <div id="Liste">Aufgabe mit Klick einfügen</div>
</body>
</html>
```

2. Kreiere eine solche neue Funktion im <head>:

```
<head>
  <title>Neue Elemente</title>
  <script>
    function einfuegenAufgabe() {
    }
  </script>
</head>
```

3. Diese Funktion erstellt mit der Methode createElement ein neues <div>. Speichere das neue <div> in einer Variablen und gib ihr einen Namen. Setze mit innerHTML den Wert des neuen <div> auf Text. Dies ist der Code:

```
<script>
  function einfuegenAufgabe() {
    var neueAufgabe = document.createElement("div");
    neueAufgabe.innerHTML = "Neue Aufgabe";
  }
</script>
```

4. Ergänze die Funktion mit einer letzten Zeile. Finde mit getElementById das <div> im <body>. Füge das neue <div> mit appendChild ins <div> des <body> ein. Dies ist der Code:

```
<script>
  function einfuegenAufgabe() {
    var neueAufgabe = document.createElement("div");
    neueAufgabe.innerHTML = "Neue Aufgabe";
    document.getElementById("Liste").appendChild(neueAufgabe);
  }
</script>
```

5. Nun fehlt nur noch der Funktionsaufruf im <body> des Codes. Füge das onclick-Attribut ins <div> des <body> ein. Wird nun der <div>-Text angeklickt, wird die Funktion einfuegenAufgabe aufgerufen. Dies ist der Code:

```
<body>
  <div id="Liste" onclick="einfuegenAufgabe();">Aufgabe mit Klick einfügen</div>
</body>
```

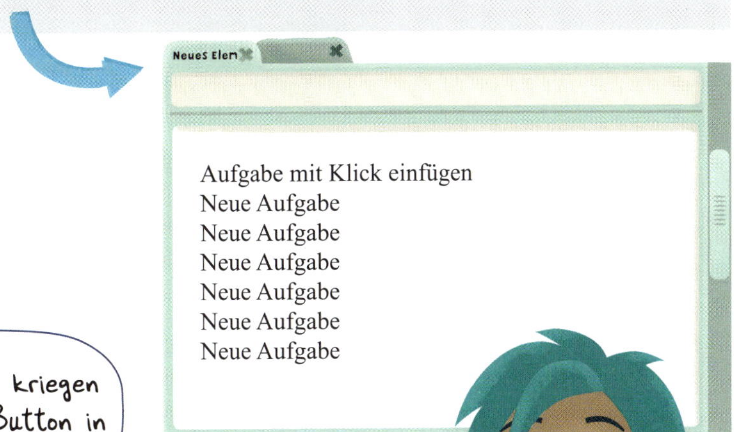

6. Speichere die HTML-Datei und öffne sie im Browser. Nun wird bei jedem Klick ein neues <div> in die App eingefügt.

AUFGABENLISTE ERSTELLEN

Nun kennst du das DOM und kannst es für die Aufgaben-App verwenden. Zu Beginn der Mission hast du erfahren, wie du ein Textfeld und einen Button per <input/>-Tag erstellst. Schauen wir uns das noch mal an:

```
<!DOCTYPE html>
<html>
<head>
  <title>Aufgabenliste-App</title>
</head>
<body>
  <p>Aufgaben für Sonderausstellung</p>
  <br/>
  <input type="text" value="Aufgabe eintippen"/>     Textfeld
  <br/>
  <input type="button" value="Einfügen"/>     Button
  <br/>
</body>
</html>
```

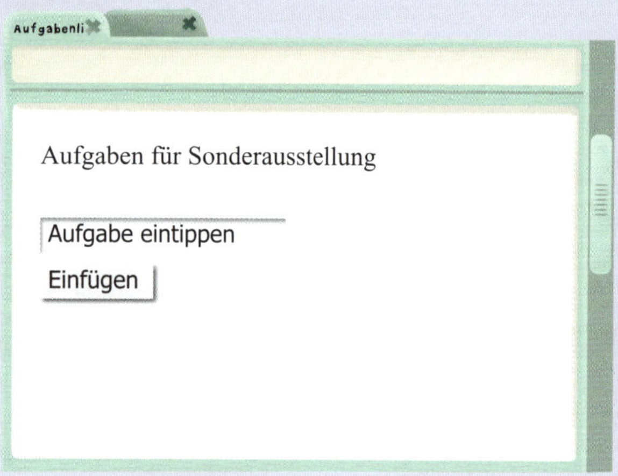

Jetzt kann der Professor eine Aufgabe eintippen, aber beim Klicken auf den Button passiert nichts. Damit eine Aufgabe per Klick in die Liste kommt, brauchen wir die Methoden und Eigenschaften des DOM.

Zuerst schreiben wir den <body> um. Dann kommt ein onclick-Attribut ins <input/>-Tag, das eine Funktion aufrufen soll. Außerdem brauchen wir ein leeres <div> für die Aufgabenliste. Wird eine Aufgabe hinzugefügt, kommt sie mit den DOM-Methoden in dieses leere <div>. Der <body> sieht nun so aus:

3

```
<body>
  <p>Aufgaben für Sonderausstellung</p>
  <br/>
  <input type="text" value="Aufgabe eintippen"/>
  <br/>
  <input type="button" value="Einfügen" onclick="Einfügen();"/>
  <br/>
  <div id="Liste"></div>
</body>
```

<div>

onclick-Attribut

Nun erstellen wir im <head> eine Funktion, die beim Anklicken von onclick startet. Die Funktion soll mit der Methode createElement ein neues <div> erstellen. Das wird in einer Variablen namens neueAufgabe gespeichert. Dann setzen wir mit innerHTML die Variable neueAufgabe. Zuletzt finden wir mit getElementById das <div> mit dem id-Attribut „Liste" im <body>. Dann kommt mit appendChild die neueAufgabe in die Liste. Der <script>-Block im <head> sieht nun so aus:

```
<script>
  function einfuegenAufgabe() {
    var neueAufgabe = document.createElement("div");
    neueAufgabe.innerHTML = "Neue Aufgabe";
    document.getElementById("Liste").appendChild(neueAufgabe);
  }
</script>
```

Neues <div> erstellen

innerHTML des neuen <div>s setzen

id-Attribut finden

Neues <div> im <div> von <body> einfügen

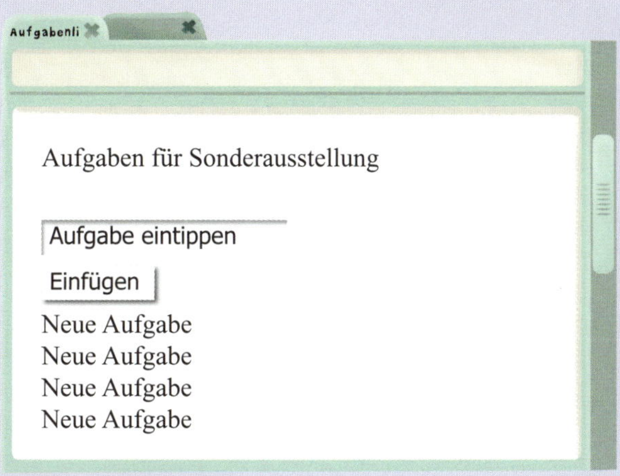

Beim Start im Browser funktioniert dieser Button. Der Text „Neue Aufgabe" wird bei jedem Klick auf den Button in die Liste eingefügt.

Eigene Aufgaben einfügen

Unsere App nimmt nun Form an. Bei jedem Klick auf den Button erscheint eine neue Aufgabe. Doch Prof. Bairstone kann noch keine Aufgabe ins Feld eintippen, die dann in der Liste erscheint. Schauen wir mal, wie wir das hinkriegen.

Wir müssen nur zwei Zeilen im Code ändern, damit der Wert im Textfeld in der Liste erscheint. Zuerst nehmen wir uns <body> vor. Das <input/>-Tag fürs Textfeld braucht ein id-Attribut:

id-Attribut

```
<input type="text" id="Feld" value="Hier tippen, um Aufgabe einzufügen"/>
```

Dann ändern wir das JavaScript im <head>, damit das innerHTML des neuen <div>s den ins Textfeld getippten Wert bekommt. Dafür suchen wir mit getElementById das Textfeld und das id-Attribut. Nun fragen wir den Wert ab, indem <script> wie folgt geändert wird:

```
<script>
  function einfuegenAufgabe() {
    var neueAufgabe = document.createElement("div");
    neueAufgabe.innerHTML = document.getElementById("Feld").value;
    document.getElementById("Liste").appendChild(neueAufgabe);
  }
</script>
```

id-Attribut

Zugriffswert

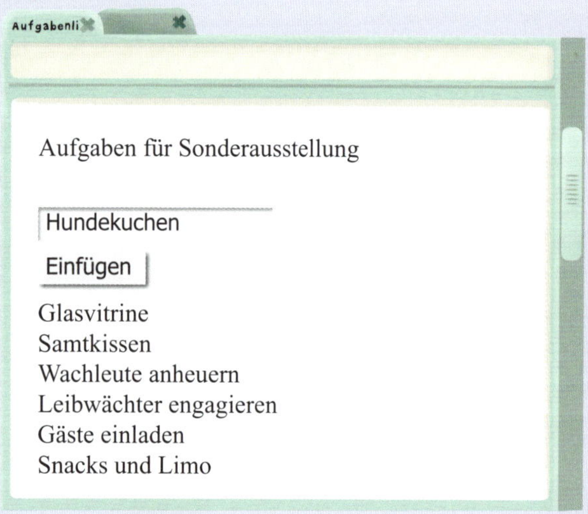

Nun kann der Professor Text im Textfeld durch die Aufgabe ersetzen, die auf die Liste soll. Die Funktion einfuegenAufgabe gibt den eingetippten Text als Inhalt des neuen <div>s aus. Nun kann er eigene Aufträge in die Liste schreiben.

checkliste für code-skills ✓

DIE DOM-API EINSETZEN

- Das DOM (Dokument-Objekt-Modell) ist eine API (Application Program Interface). Wird dein HTML-Dokument im Browser gestartet, wird es Teil des DOMs und zum Dokumentobjekt. So, wie das Dokumentobjekt strukturiert ist, kannst du nun mit Code einzelne HTML-Elemente bearbeiten und ändern.
- Mit den integrierten Funktionen änderst du HTML-Elemente, nachdem sie auf dem Bildschirm ausgegeben wurden. Das ist wichtig, wenn deine Webseite oder App auf Aktionen deiner Nutzer reagieren soll.
- Um das DOM zu nutzen, schreibst du das Schlüsselwort document. Du brauchst die Punktschreibweise (.). Jede neue Anweisung fürs DOM muss durch Punkt getrennt sein.
- Mit den Methoden und Eigenschaften des DOMs änderst du HTML-Elemente.
- getElementById ist eine DOM-Methode, um ein HTML-Element der Seite anhand des id-Attributs zu finden.
- innerHTML ist eine DOM-Eigenschaft. Du kannst das innerHTML jedes HTML-Elements ändern. innerHTML ist sehr praktisch, um die Inhalte von HTML-Elementen zu bearbeiten.
- createElement ist eine DOM-Methode, die ein neues HTML-Element erstellt. Du musst dem Browser sagen, welcher Typ Element das sein soll.
- appendChild ist eine DOM-Methode, um ein neues HTML-Element in ein vorhandenes einzufügen.

CODE-SKILLS ► DIE BASIS-APP ERSTELLEN

Unsere Basis-App soll ein Textfeld und einen Button enthalten, mit dem Prof. Bairstone Aufgaben eintragen kann. Verwende DOM und JavaScript, damit die Aufgabe beim Anklicken des Buttons im Feld in der Liste erscheint.

1. Öffne deinen Texteditor. Erstelle eine neue HTML-Datei namens **basicapp.html**. Kopiere den Code aus **app.html** in die neue Datei. Gib dem Textfeld ein beliebiges id-Attribut, z. B. so:

```
<!DOCTYPE html>
<html>
<head>
  <title>Aufgabenliste-App</title>
</head>
<body>
  <p>Aufgaben für Sonderausstellung</p>
  <br/>
  <input type="text" id="Feld" value="Aufgabe eintippen"/>
  <br/>
  <input type="button" value="Einfügen"/>
  <br/>
</body>
</html>
```

2. Füge unten im <body> ein leeres <div> ein. Gib ihm ein beliebiges id-Attribut, z. B.:

```
<input type="button" value="Einfügen"/>
<br/>
<div id="Liste"></div>
```

3. Nun schreibe ein onclick-Attribut in das <input/>-Tag für den Button. Es soll eine JavaScript-Funktion aufrufen. Dies ist der Code:

```
<input type="button" value="Einfügen" onclick="Einfügen();"/>
```

4. Schreibe eine leere JavaScript-Funktion in den <head>. Dein <script>-Block muss so aussehen:

```
<head>
  <title>Aufgabenliste-App</title>
  <script>
    function einfuegenAufgabe() {
    }
  </script>
</head>
```

5. Nun schreibst du mit dem DOM eine Funktion namens einfuegenAufgabe, die beim Klick auf den Button ein neues <div> erstellt. Die Funktion nutzt dann innerHTML, um dem <div> den Wert des Textfelds zu geben. Schließlich wird die Funktion über appendChild das neue HTML-Element in den <div> des <body> einfügen. Dies ist der Code:

```
<script>
  function einfuegenAufgabe() {
    var neueAufgabe = document.createElement("div");
    neueAufgabe.innerHTML = document.getElementById("Feld").value;
    document.getElementById("Liste").appendChild(neueAufgabe);
  }
</script>
```

6. Speichere die HTML-Datei und öffne sie im Browser. Nun kannst du den Text im Feld durch eine Aufgabe für die Liste ersetzen. Mit Klick auf den Button erscheint die eingetippte Aufgabe in der Liste.

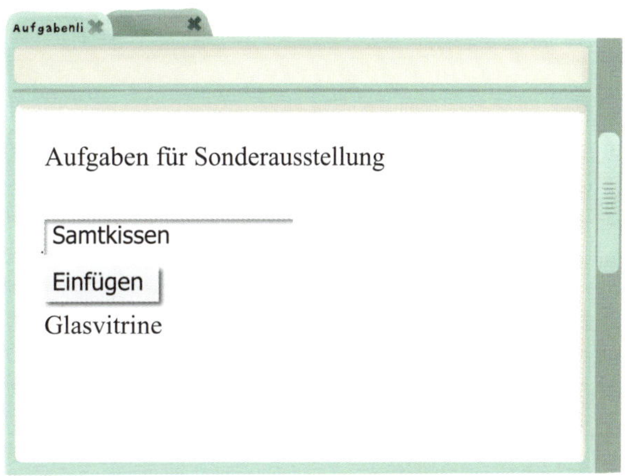

Einträge mit DOM aus der App löschen

Du kannst nun mit dem DOM HTML-Elemente auf der Webseite finden und einfügen. Aber was ist, wenn der Professor aus Versehen eine falsche Aufgabe in die Liste einträgt? Oder wenn er eine Aufgabe erledigt hat und sie aus der Liste löschen will? Auch zum Entfernen von HTML-Elementen nehmen wir das DOM.

Die Methode removeChild

Diese Methode macht das Gegenteil von appendChild. Anstatt einem HTML-Element ein anderes hinzuzufügen, nimmt es eins weg. Du setzt es genauso ein wie appendChild. Wähle das zu entfernende HTML-Element über das id-Attribut und lasse den Browser es dann löschen:

HTML-Elternelement finden | HTML-Kindelement entfernen

```
document.getElementById("Liste").removeChild(this);
```

Wie du bereits weißt, können HTML-Tags in anderen HTML-Tags verschachtelt sein. Mit der removeChild-Methode entfernst du das HTML-Element in dem HTML-Element, das du über das id-Attribut gewählt hast. Im Dokumentobjekt sind alle Elemente wie in einem Stammbaum verbunden. Jedes HTML-Element, das sich in einem anderen befindet, ist „Kind" dieses Elements. Das „äußere" HTML-Element ist das Elternelement. Mit removeChild entfernst du das HTML-Kindelement aus dem Elternelement.

Mit diese Methode steht dir auch das praktische JavaScript-Schlüsselwort „this" zur Verfügung. Es zeigt auf das HTML-Element, mit dem die Funktion aufgerufen wurde. Schauen wir uns ein Beispiel an:

3

```
<!DOCTYPE html>
<html>
<head>
  <title>Einkaufsliste</title>
  <script>
    function entfernenAufgabe(item) {
      document.getElementById("Liste").removeChild(item);
    }
  </script>
</head>
<body>
  <div id="Liste">
     Samtkissen für Diamant
    <div onclick="entfernenAufgabe(this);">
       Wollsocken
    </div>
  </div>
</body>
</html>
```

Argument

Schlüsselwort this

Eltern-<div>

Kind-<div>

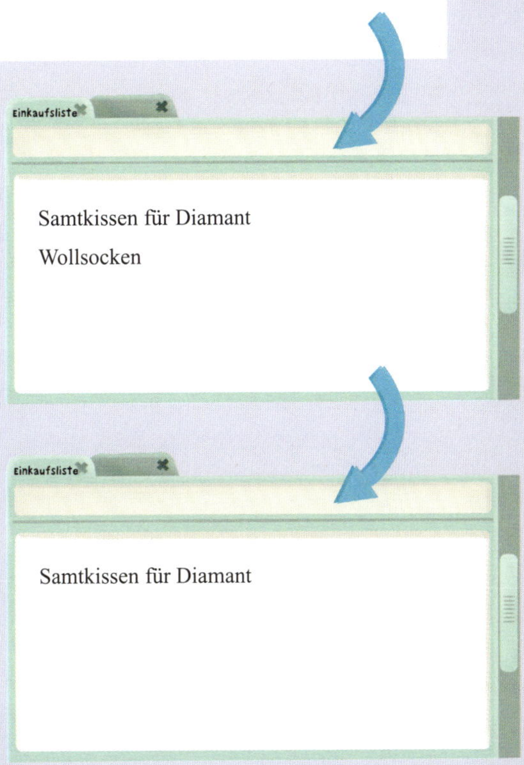

In diesem Beispiel ist das 1. <div> mit dem id-Attribut „list" das Elternelement. Das darin enthaltene <div> mit dem Text „Wollsocken" ist das Kindelement. Mit Klick auf den Text „Wollsocken" nutzen wir getElementById, um das <div> namens Liste zu finden.

Dann nehmen wir die Methode removeChild und das Schlüsselwort this, um diesen Text zu entfernen. So wie in Mission 2 gelernt, braucht die Funktion ein Argument. Wir nehmen das Argument „item" und das Schlüsselwort „this", um das zu entfernende HTML-Element zu markieren.
Prof. Bairstone kann nun Sachen per Klick aus der Liste löschen.

CODE-SKILLS ► EIN HTML-ELEMENT ENTFERNEN

Probieren wir aus, wie man mit removeChild und dem Schlüsselwort this ein HTML-Element entfernt.

1. Öffne deinen Texteditor. Erstelle eine neue HTML-Datei namens **newelements.html**. Schreibe ein Eltern- und Kind-<div> in den <body>. Gib das id-Attribut des Eltern-<div>s an:

```
<!DOCTYPE html>
<html>
<head>
  <title>Aufgaben entfernen</title>
</head>
<body>
  <div id="Liste">
    Personenschutz für Herrn Volkov
    <div>
      Wollsocken
    </div>
  </div>
</body>
</html>
```

2. Schreibe in den <head> eine JavaScript-Funktion, die das Kind-<div> aus der Seite entfernt. Die Funktion findet das Eltern-<div> durch die getElementById-Methode. Dann entfernt sie das <div> darin mit removeChild. Dies ist der Code:

```
<script>
  function entfernenAufgabe(item) {
    document.getElementById("Liste").removeChild(Aufgabe);
  }
</script>
```

3. Schreibe noch ein onclick-Attribut ins Kind-<div>, damit der Text darin beim Anklicken aus der Liste entfernt wird. onclick soll die Funktion aufrufen und das Schlüsselwort verwenden:

```
<div onclick="entfernenAufgabe(this);">
  Wollsocken
</div>
```

4. Speichere die HTML-Datei und öffne sie im Browser. Klickst du auf die zweite Aufgabe, verschwindet sie vom Bildschirm.

Mehr als ein HTML-Element entfernen

Mit der removeChild-Methode entfernst du ein einzelnes HTML-Element.
Aber wie kann der Professor mehrere Aufgaben in der Liste löschen? Dafür brauchen wir DOM und JavaScript, damit alle Aufgaben per Klick aus der Liste entfernt werden können. Dazu muss jedes Mal, wenn die createElement-Methode benutzt wird, ein onclick-Attribut eingefügt werden. Mit dem onclick-Schlüsselwort gibst du den Wert für onclick an:

```
.onclick
```

Du kannst onclick eine Funktion aufrufen lassen, die die Aufgabe beim Anklicken entfernt:

```
<!DOCTYPE html>
<html>
<head>
  <title>Aufgabenliste-App</title>
  <script>
    function einfuegenAufgabe() {
      var neueAufgabe = document.createElement("div");
      neueAufgabe.innerHTML = document.getElementById("Feld").value;
      neueAufgabe.onclick = entfernenAufgabe;
      document.getElementById("Liste").appendChild(neueAufgabe);
    }
    function entfernenAufgabe() {
      document.getElementById("Liste").removeChild(this);
    }
  </script>
</head>
<body>
  <p>Aufgaben für Sonderausstellung</p>
  <input type="text" id="Feld" value="Aufgabe eintippen"/>
  <br/>
  <input type="button" value="Aufgabe eintippen" onclick="einfuegenAufgabe();"/>
  <div id="Liste"></div>
</body>
</html>
```

onclick-Attribut gesetzt

Funktion entfernenAufgabe aufgerufen

In diesem Beispiel haben wir mit createElement ein neues <div> erstellt. Wir haben das <div> in einer Variablen gespeichert, um ihr innerHTML auf den ins Textfeld getippten Wert zu setzen. Mit dem DOM geben wir das onclick-Attribut der neuen Aufgabe an. Durch Klicken wird die wird die Funktion entfernenAufgabe aufgerufen und löscht die Aufgabe.

CODE-SKILLS ► MEHRERE HTML-ELEMENTE ENTFERNEN

Mit diesem neuen Wissen überarbeitest du die App, sodass mehrere HTML-Elemente durch Anklicken entfernt werden können. Mit jedem neuen Skill wird deine App besser!

1. Öffne deinen Texteditor. Erstelle eine neue HTML-Datei namens **newelements.html**. Kopiere den Code aus **basicapp.html** hier hinein. Dies ist der Code:

```
<!DOCTYPE html>
<html>
<head>
  <title>Aufgabenliste-App</title>
  <script>
    function einfuegenAufgabe() {
      var neueAufgabe = document.createElement("div");
      neueAufgabe.innerHTML = document.getElementById("Feld").value;
      document.getElementById("Liste").appendChild(neueAufgabe);
    }
  </script>
</head>
<body>
  <p>Aufgaben für Sonderausstellung</p>
  <br/>
  <input type="text" id="Feld" value="Aufgabe eintippen"/>
  <br/>
  <input type="button" value="Aufgabe eintippen" onclick="einfuegenAufgabe();"/>
  <br/>
  <div id="Liste"></div>
</body>
</html>
```

2. Nun änderst du die Funktion einfuegenAufgabe im <head> und schreibst das onclick-Attribut in die Funktion. Füge für jedes neue HTML-Element ein onclick ein. Dieses onclick soll beim Anklicken eine neue Funktion aufrufen. Schreibe diese Codezeile in den <script>-Block:

```
<script>
  function einfuegenAufgabe() {
    var neueAufgabe = document.createElement("div");
    neueAufgabe.innerHTML = document.getElementById("Feld").value;
    neueAufgabe.onclick = entfernenAufgabe;
    document.getElementById("Liste").appendChild(neueAufgabe);
  }
</script>
```

3. Schreibe in den <script>-Block eine zweite Funktion namens entfernenAufgabe. Diese Funktion nutzt getElementById, um das <div> im <body> zu finden. Dann soll sie mit removeChild und dem Schlüsselwort this die Aufgabe entfernen, die die Funktion aufruft. Tippe diese Funktion ein. Der <script>-Block sieht nun so aus:

```
<script>
  function einfuegenAufgabe() {
    var neueAufgabe = document.createElement("div");
    neueAufgabe.innerHTML = document.getElementById("Feld").value;
    neueAufgabe.onclick = entfernenAufgabe;
    document.getElementById("Liste").appendChild(neueAufgabe);
  }
  function entfernenAufgabe() {
    document.getElementById("Liste").removeChild(this);
  }
</script>
```

CODE-SKILLS ► FORTSETZUNG

4. Der Code-Block für die App ist nun fertig:

```
<!DOCTYPE html>
<html>
<head>
  <title>Aufgabenliste-App</title>
  <script>
    function einfuegenAufgabe() {
      var neueAufgabe = document.createElement("div");
      neueAufgabe.innerHTML = document.getElementById("Feld").value;
      neueAufgabe.onclick = entfernenAufgabe;
      document.getElementById("Liste").appendChild(neueAufgabe);
     }
    function entfernenAufgabe() {
      document.getElementById("Liste").removeChild(this);
     }
  </script>
</head>
<body>
  <p>Aufgaben für Sonderausstellung</p>
  <br/>
  <input type="text" id="Feld" value="Aufgabe eintippen"/>
  <br/>
  <input type="button" value="Aufgabe eintippen" onclick="einfuegenAufgabe();"/>
  <br/>
  <div id="Liste"></div>
</body>
</html>
```

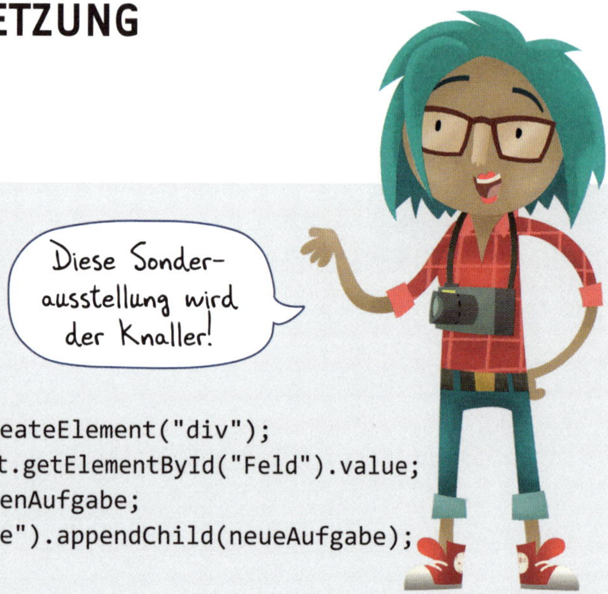

Speichere die Datei und öffne sie im Browser. Nun kannst du Aufgaben eintragen und entfernen.

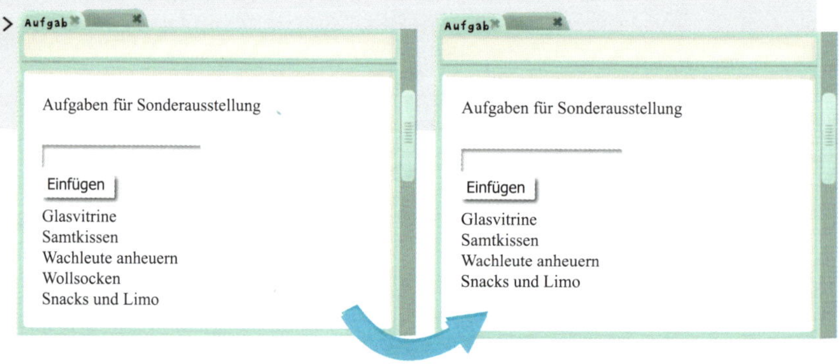

AUFGABEN DER LISTE SPEICHERN

Prof. Bairstone kann nun beliebig viele Aufgaben in die Liste eintragen und wieder entfernen. Aber vielleicht hast du gemerkt, dass die Liste verschwindet, wenn die Seite aktualisiert wird. Denn wir haben bisher die HTML-Elemente nur auf dem Bildschirm gezeigt oder gelöscht. Weder wurde die Liste gespeichert noch die HTML-Datei geändert. Soll der Browser die Liste speichern, brauchen wir localStorage. Diese API ist in HTML5 enthalten (der 5. Version dieser Programmiersprache).

Mit dieser API speicherst du Infos im Browser, damit du auch darauf zugreifen kannst, wenn die Seite geschlossen oder aktualisiert wird. localStorage enthält wie das DOM verschiedene Funktionen.

Du sagst einfach dem Browser, dass du localStorage nutzen willst. Dafür tippst du das Schlüsselwort localStorage (in camelCase) und gibst der zu speichernden Info einen Namen. Diese Information schreibst du nach = und in " ". Das sieht so aus:

localStorage-Schlüsselwort | localStorage-Name | Information gespeichert

```
localStorage.speichernName = "Information";
```

Willst du Informationen aus localStorage entfernen, bleibt der Wert einfach leer:

Information entfernt

```
localStorage.speichernName = "";
```

Du kannst die mit localStorage gespeicherte Info einfach anschauen. Dafür brauchst du nur das Schlüsselwort und den localStorage-Namen:

```
<!DOCTYPE html>
<html>
<head>
  <title>Der Mönchsdiamant</title>
</head>
<body>
  <script>
    localStorage.wertvollerDiamant = "Der Mönchsdiamant";
    alert(localStorage.wertvollerDiamant);
  </script>
</body>
</html>
```

Schlüsselwort | Name

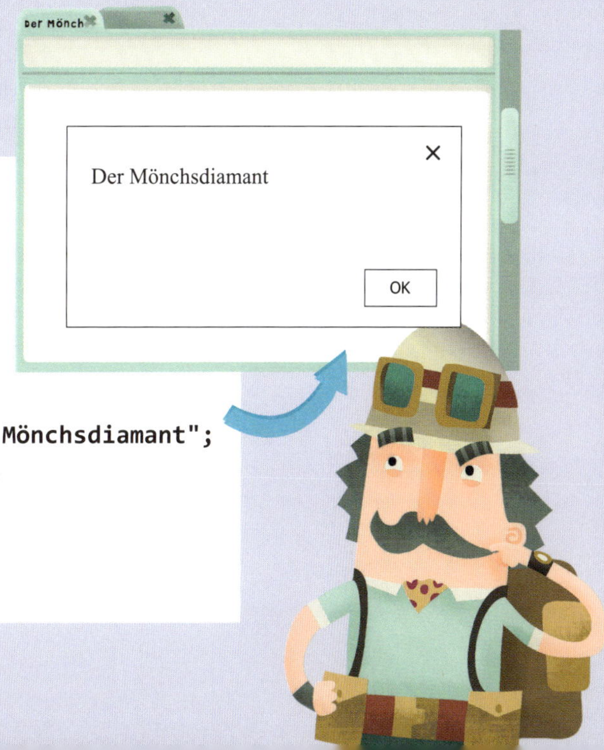

CODE-SKILLS ► DIE API LOCALSTORAGE VERWENDEN

Probieren wir aus, wie man mit localStorage Infos im Browser speichert. So wird die Liste in der App des Professors sicher gespeichert.

1. Öffne deinen Texteditor. Erstelle eine neue HTML-Datei namens **newelements.html**. Tippe diesen Code in den <body> dieser Datei:

```
<!DOCTYPE html>
<html>
<head>
  <title>Lager</title>
</head>
<body>
  <input type="text" id="Feld" value="Aufgabe eintippen"/><br/>
  <input type="button" id="Speichern" value="Speichern" onclick="Speichern();"/><br/>
  <input type="button" id="Laden" value="Laden" onclick="Laden();"/><br/>
  Gespeicherte Aufgabe: <div id="gespeicherteListe"></div>
</body>
</html>
```

2. Nun schreibe eine Funktion in den <head>, die mit localStorage den in das Browserfeld getippten Wert speichert. Vergiss nicht, das Schlüsselwort localStorage in camelCase zu schreiben. Dies ist der Code:

```
<script>
  function speichern() {
    var neueAufgabe = document.getElementById("Feld").value;
    localStorage.Feld = neueAufgabe;
  }
</script>
```

3. Nun schreibe in den <script>-Block eine zweite Funktion, die mit getElementById das leere <div> findet. Mit innerHTML setzt du den Wert des leeren <div>s auf die in localStorage gespeicherte Information. Die Funktion soll so aussehen:

```
<script>
  function speichern() {
    var neueAufgabe = document.getElementById("Feld").value;
    localStorage.Feld = neueAufgabe;
  }
  function laden() {
    var gespeichertesDiv = document.getElementById("gespeicherteListe");
    gespeichertesDiv.innerHTML = localStorage.Feld;
  }
</script>
```

4. Speichere die Datei und öffne sie im Browser. Tippe etwas in das Textfeld und klicke auf Speichern.

5. Nun klicke auf *Laden*. Der eingetippte Text erscheint auf dem Bildschirm. Nun aktualisierst du die Seite. Die Aufgabe verschwindet vom Bildschirm. Aber wenn du Laden anklickst, erscheint der mit localStorage gespeicherte Text im Browser.

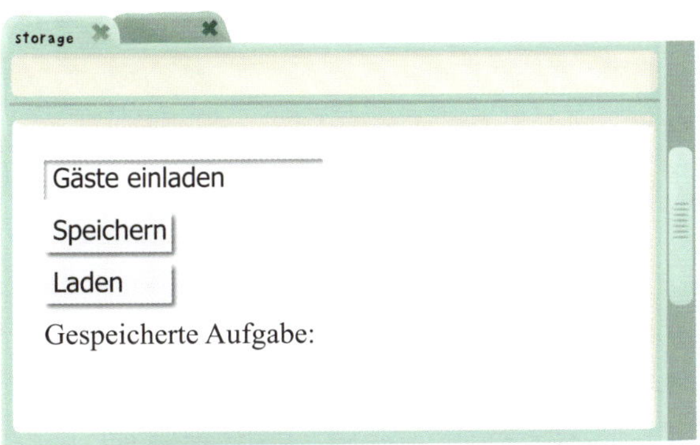

Gemerkt?

Wir nehmen fürs localStorage-Schlüsselwort camelCase. Der erste Buchstabe ist klein, und das zweite Wort beginnt mit Großbuchstaben.

Mit localStorage speichern und laden

Nun wollen wir wissen, wie man localStorage beim Speichern und Laden von Prof. Bairstones App einsetzen kann. Sobald er die Aufgabenliste ändert, muss sie in localStorage gespeichert werden. Wir brauchen auch Code, der die Liste aus localStorage lädt, wenn der Professor sie im Browser öffnet. Den `<script>`-Block für localStorage müssen wir also wie folgt ändern:

```
<!DOCTYPE html>
<html>
<head>
  <title>Aufgabenliste-App</title>
  <script>
    function einfuegenAufgabe() {
      var neueAufgabe = document.createElement("div");
      neueAufgabe.innerHTML = document.getElementById("Feld").value;
      neueAufgabe.onclick = entfernenAufgabe;
      document.getElementById("Liste").appendChild(neueAufgabe);
      speichernListe();
    }
    function entfernenAufgabe() {
      document.getElementById("Liste").removeChild(this);
      speichernListe();
    }
    function speichernListe() {
      localStorage.gespeicherteListe = document.getElementById("Liste").innerHTML;
    }
    function ladenListe() {
      document.getElementById("Liste").innerHTML = localStorage.gespeicherteListe;
    }
    </script>
</head>
<body>
  <p>Aufgaben für Sonderausstellung</p>
  <input type="text" id="Feld" value="Aufgabe eintippen"/>
  <br/>
  <input type="button" value="Aufgabe eintippen" onclick="einfuegenAufgabe();"/>
  <div id="Liste"></div>
</body>
</html>
```

Listen-Funktionsaufruf speichern

Listenfunktion speichern

Listen-Funktionsaufruf speichern

In localStorage gespeicherte Liste

Listenfunktion laden

Liste speichern

Zum Speichern erstellen wir die neue Funktion speichernListe in localStorage. Dafür brauchen wir einen Variablennamen, um die Information in localStorage zu speichern. Dann finden wir mit getElementById das <div> im <body> der Seite. Zum Schluss benutzen wir inner HTML für den Inhalt des <div>s. Alles im <div> wird nun in localStorage gespeichert.

Die Liste soll nach Einfügen bzw. Entfernen einer Aufgabe stets gespeichert werden. Also müssen einfuegenAufgabe und entfernenAufgabe nach ihrem Start die Funktion speichernListe aufrufen.

Liste laden

Zum Laden der Liste erstellen wir eine zweite Funktion. Sobald ladenListe aufgerufen wird, setzt sie das innerHTML des <div>s mit der id „Liste" auf den in localStorage gespeicherten Wert.

ladenListe muss aufgerufen werden, damit die Liste geladen wird, wenn der Browser mit Laden fertig ist. Damit nicht aus Versehen eine nicht gespeicherte Liste geladen wird, brauchen wir eine if-Anweisung, bevor wir localStorage nutzen. Diese if-Anweisung sieht so aus:

```
<div id="Liste"></div>
<script>
  if(localStorage.gespeicherteListe) {
    ladenListe();
  }
</script>
```

Funktionsaufruf Liste laden

Die if-Anweisung prüft vor dem Laden, ob localStorage eine gespeicherte Liste enthält. Nach dem Speichern des Codes starten wir die App im Browser. Nun werden in die Liste eingefügte Aufgaben gespeichert, wenn die Datei geschlossen und wieder geöffnet wird.

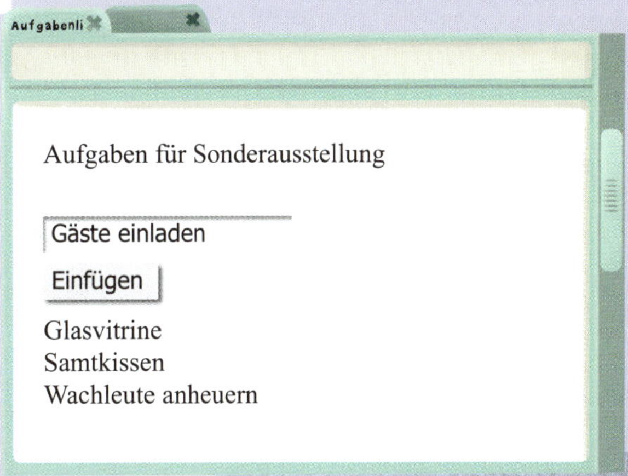

Aus localStorage entfernen

Damit die ladenListe-Funktion korrekt arbeitet, brauchen wir noch etwas. Sobald du die Aufgaben-App verwendest, kannst du Aufgaben per Klick einfügen und entfernen. Doch wenn du die gespeicherte Liste aus localStorage holst, kannst du Aufgaben nicht per Klick herausnehmen.

Denn in localStorage werden nur die HTML-Elemente gespeichert, aber nicht das beim Erstellen des Elements eingefügte onclick-Attribut. Das müssen wir nachträglich den Listenelementen beifügen, damit die entfernenAufgabe immer noch funktioniert, wenn die Liste aus localStorage geladen wurde. Die ladenListe-Funktion im <head> braucht noch etwas Code, damit er so aussieht:

```
function ladenListe() {
  document.getElementById("Liste").innerHTML = localStorage.gespeicherteListe;
  for(var i = 0; i < liste.children.length; i++) {
    liste.children[i].onclick = entfernenAufgabe;
  }
}
```

Code, der die Schleife startet

Bedingung für Schleife

Code, der in Schleife ausgeführt wird

Damit bekommt die ladenListe-Funktion eine Schleife. Diese schreibt für jede aus localStorage geladene Aufgabe das onclick-Attribut in die entfernenAufgabe-Funktion. Jedes neue HTML-Element in der Liste wird nummeriert und das onclick-Attribut gesetzt.

Mehr über Schleifen in Mission 5, aber hier erst einmal die Info, dass Schleifen drei Teile haben.

CODE-WÖRTER

In JavaScript ist eine Schleife Code, der immer wieder ausgeführt wird. Das brauchen Programmierer, um nicht immer den gleichen Code eintippen zu müssen.

Eine Schleife braucht:

- **Code zum Starten**
- **die Prüfung, ob die Schleife laufen soll**
- **Code, der bei jedem Durchlauf ausgeführt wird**

Mission 3

DEINE AUFGABE
APP FÜR EINE AUFGABENLISTE

Jetzt nutze all dein Wissen aus dieser Mission, um eine App für die Aufgaben von Prof. Bairstone für die Sonderausstellung zu programmieren.
Mit JavaScript und den APIs DOM und localStorage erstellst du eine Liste, in die der Professor Aufgaben einträgt. Achte darauf, dass er nach Erledigung einer Aufgabe diese per Klick löschen kann.

Eine App für Aufgaben

Nutze für die App HTML und JavaScript sowie die neuen APIs.
Diese Dinge brauchst du:

- **Eine Funktion, die mit dem DOM Aufgaben in die Liste einträgt**
- **Eine Funktion, die mit dem DOM Aufgaben entfernt**
- **Eine Funktion zum Speichern mit localStorage**
- **Eine Funktion zum Laden mit localStorage**
- **Ein Feld zum Eintippen der Aufgaben**
- **Einen Button zum Anklicken, damit die Aufgabe eingefügt wird**

Speichere die Datei im Ordner **Coding** und nenne sie **listapp.html**.

```
<!DOCTYPE html>
<html>
<head>
  <title>Aufgabenliste-App</title>
  <script>
    function einfuegenAufgabe() {
      var neueAufgabe = document.createElement("div");
      neueAufgabe.innerHTML = document.getElementById("Feld").value;
      neueAufgabe.onclick = entfernenAufgabe;
      document.getElementById("Liste").appendChild(neueAufgabe);
      speichernListe();
    }
    function entfernenAufgabe() {
      document.getElementById("Liste").removeChild(this);
      speichernListe();
    }
    function speichernListe() {
      localStorage.gespeicherteListe = document.getElementById("Liste").innerHTML;
    }
    function ladenListe() {
      document.getElementById("Liste").innerHTML = localStorage.gespeicherteListe;
      for(var i = 0; i < liste.children.length; i++) {
        liste.children[i].onclick = entfernenAufgabe;
      }
    }
  </script>
</head>
```

```
<body>
  <p>Juwelier Volkov</p>
  <p>Aufgaben für Sonderausstellung</p>
  <br/>
  <input type="text" id="Feld" value="Aufgabe eintippen"/>
  <br/>
  <input type="button" value="Aufgabe eintippen" onclick="einfuegenAufgabe();"/>
  <br/>
  <div id="Liste"></div>
  <script>
    if(localStorage.gespeicherteListe) {
      ladenListe();
     }
  </script>
</body>
</html>
```

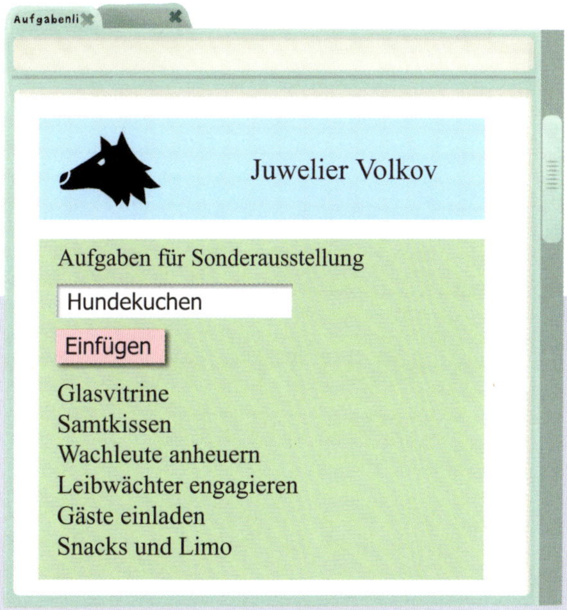

DEINE CODE-SKILLS

Nutzt du APIs wie DOM und localStorage beim Programmieren mit HTML, CSS und JavaScript, kannst du komplexere Webseiten oder Apps erstellen. Mit dem DOM greifst du auf Fähigkeiten deines Browsers zu.
So kannst du das HTML dynamisch ändern, wenn jemand deine Seite oder App benutzt. Toll!

Mission 4

PLANE EINE ROUTE

- FÜGE INHALT VON EINER ANDEREN WEBSEITE EIN
- BINDE MIT EINER WEB-API EINE KARTE IN DEINE SEITE EIN
- ARBEITE MIT EINEM API-SCHLÜSSEL
- DIE FUNKTION DES <IFRAME>-TAGS
- GOOGLE MAPS FÜR ROUTEN

Missionsauftrag

Lieber Coder,

es freut dich bestimmt zu hören, dass wir nach einer langen Zugfahrt endlich in Moskau eingetroffen sind. Wir halten uns momentan an einem geheimen Ort auf, da niemand außer Herrn Volkov wissen soll, dass wir mit dem Diamanten in der Stadt sind. Er hat uns schon besucht, ein sehr charmanter Mann. Ich freue mich sehr, dass wir seinen Edelstein gefunden haben.

Er hat sich mit dem Professor bereits intensiv um die Vorbereitung der Ausstellung gekümmert. Deine App war dabei sehr hilfreich, und bisher läuft alles nach Plan. Nur eine Sache gibt es, an die die beiden nicht gedacht haben: Wie transportieren wir den Diamanten sicher von unserem Versteck zum Juwelierladen?

Von den Gebrüdern Bond weiß man, dass sie gerne im Hinterhalt zuschlagen und äußerst riskante Überfälle durchführen. Ich schicke dir einen Eintrag aus der Enzyklopädie der Entdecker, damit du es verstehst. Wir könnten den Diamanten selbst zum Laden bringen, aber Prof. Bairstone ist so berühmt, dass ich befürchte, Aufmerksamkeit zu erregen und die Ausstellung zu gefährden.

Wir haben beschlossen, dass ich mit dem Diamanten am besten zum nahe gelegenen **Gorki-Park** gehe. Dort wartet der Sicherheitschef von Herrn Volkov, und wir werden den Edelstein gemeinsam zum Juwelierladen in der Nähe der **Basilius-Kathedrale** bringen. Kannst du uns mit einer Route durch die Stadt helfen? Es wäre toll, eine Webseite mit einer Karte zu haben. Wie furchtbar, wenn wir uns verirren oder die Gebrüder Bond uns auf einen Irrweg führen würden. Nicht auszudenken, wenn uns der Diamant jetzt noch verloren ginge!

Danke, dass du uns wieder hilfst. Wir haben schon fast alles bereit. Gerade sind die Einladungen für die Ausstellung fertig und können an die Gäste versendet werden. Ich schicke dir auch eine!

Beste Grüße aus unserem Stadtversteck,
Dr. Ruby Day

ENZYKLOPÄDIE
DER ENTDECKER
Handbuch für Abenteurer

Homepage
Inhalt
Neueste Entdeckungen
Berühmte Abenteurer
Historische Expeditionen

Die Raubzüge der Gebrüder Bond

Aus der Enzyklopädie der Entdecker, dem Handbuch für Abenteurer

Andere Juwelendiebe - siehe unter Berühmte Juwelendiebe.

Bei den **Raubzügen der Gebrüder Bond** handelt es sich um dreisten Juwelenraub der als Gebrüder Bond bekannten Juwelendiebe. Die meisten der von ihnen geraubten Juwelen tauchten nie wieder auf. Normalerweise werden Edelsteine und Schmuckstücke bald nach dem Diebstahl auf dem Schwarzmarkt verkauft. Bei den Gebrüdern Bond geht man aber von einem Geheimversteck für ihre Beute aus.

4

*Herr Volkov bittet um
Ihre geschätzte Anwesenheit*

*bei einer Sonderausstellung im
Juwelierhaus Volkov*

*am 21. Juni um 19 Uhr in seinen
Geschäftsräumen (bei der Basilius-
Kathedrale) in Moskau.*

*Ebenfalls geladen sind die Ehrengäste
Prof. Bairstone, Dr. Day und Ernesto,
die eine sensationelle Entdeckung ihrer letzten
Expedition vorstellen werden.*

U. A.w.g.

Interpol kennt die drei Haupttäter, die unter ihren Spitznamen bekannt sind: Flink-Finger, Katja die Katze und Glitzer-Toni. Weitere Gauner helfen den dreien durch Auskundschaften, Fluchthilfe und Verstecken der Beute.

Einer der Gangster ist ein gewiefter Cyber-Krimineller mit Zugang zu Behördendatenbanken. Bei all ihren Raubzügen waren die Überwachungskameras während des Raubzugs deaktiviert.

Die Gebrüder Bond sind nicht nur fürs Aufbrechen der Schaufenster von Luxusboutiquen bekannt, sondern auch für Überfälle auf Fahrzeuge, die Edelsteine transportieren. Dafür verkleideten sie sich als Straßenarbeiter und leiteten mit falschen Straßenschildern die Fahrer in Sackgassen, wo sie sie dann beraubten.

Ihre unvorhersehbare Taktik macht sie so erfolgreich. Kein Raub gleicht dem anderen, und deswegen sind sie für die Polizei unberechenbar.

INHALTE ÜBER EINE WEB-API EINFÜGEN

Du hast die Aufgabe der Mission gelesen und weißt, was Dr. Day braucht. Also los! Dies wird ein wenig anders als bei den anderen drei Missionen, aber keine Sorge! Das Tolle beim Erstellen von Webseiten oder Apps fürs Internet ist, dass du die Fleißarbeit nicht immer selbst erledigen musst.

Es klingt sehr anspruchsvoll, eine Webseite mit eingebetteter Karte zu erstellen, aber du fängst nicht bei Null an. Du brauchst nur Code zu schreiben, der eine URL für die erforderliche Karte aufruft. Das nennen die Programmierer: eine Webseite in eine andere integrieren.

Dafür müssen wir Code schreiben, mit dem unsere Seite sich mit dem Webserver verbindet, auf dem die andere Webseite gespeichert ist. Dann können wir auf diesem Server die gewünschten Daten und Inhalte nutzen.

CODE-WÖRTER

Wird eine neue Info in eine vorhandene Webseite eingefügt, nennt man das Einbinden. Dieser Inhalt wird dann Teil der Seite.

Web-APIS

APIs kennst du nun, zwei davon hast du in Mission 3 eingesetzt: DOM und localStorage. Mit diesen APIs nutzt du integrierte Funktionen. APIs gibt es in verschiedenen Formen und Größen. Die API, die wir nun brauchen, ist etwas anders gestaltet.

APIs für die Integration mit anderen Websites heißen auch „Web-APIs" oder „Webservices". Mit ihnen kannst du Funktionen einer Website nutzen, um ohne viel Code selbst zu schreiben, Inhalte auf deine Seite zu kriegen.

Web-APIs kannst du für viele verschiedene Dinge einsetzen. Vielleicht hast du solche Web-APIs schon für Folgendes genutzt:

- **Karten einfügen**
- **Facebook-Buttons („Gefällt mir"/„Teilen")**
- **Videos auf YouTube oder Twitch weitergeben**

Mit Web-APIs kann man leicht und schnell bessere Websites erstellen. Zum Einbinden einer Karte und für eine Route brauchen wir eine Karten-Web-API.

Viele Websites bieten die Möglichkeit, Karten einzubinden. Die meisten sind kostenlos. Die beliebtesten kostenlosen Karten-APIs sind Google Maps und Bing Maps von Google und Microsoft.

Hier erfährst du, wie du mit Google Maps die beste Route für Dr. Day und den Sicherheitschef des Juweliers Volkov findest. Vielleicht hast du schon mal eine Adresse auf Google Maps gesucht. Nun lernst du aber, deine eigene Karte zu programmieren und auf deiner Seite einzubinden.

Web-APIs für Karten

Um die Web-API von Google Maps zu nutzen, meldest du dich bei Google an und bekommst einen sogenannten API-Schlüssel. Das ist eine Art Passwort, damit deine Webseite auf dem Google-Server die Google Maps-API nutzen kann. Ohne diesen Schlüssel kannst du keine Karte einbinden. Du bekommst diesen Schlüssel hier:

```
https://developers.google.com/maps/documentation/embed/
```

Ein API-Schlüssel ist eine lange Folge aus Buchstaben und Zahlen. Alle sind verschieden, sehen aber etwa so aus:

Schon gewusst?

Du brauchst ein Google-Konto, um einen API-Schlüssel zu bekommen. Du musst für ein Google-Konto mindestens 13 Jahre alt sein. Bist du jünger, bitte einen Erwachsenen, dir zu helfen. Ihr solltet auf jeden Fall die Nutzungsbedingungen lesen.
Auf **www.support.google.com** bekommst du Hilfe.

CODE-SKILLS ► API-SCHLÜSSEL FÜR GOOGLE MAPS

Jetzt lernst du, wie du einen API-Schlüssel für Google Maps bekommst. Den brauchst du später in der Mission für die Route von Dr. Day.

1. Zuerst gehst du zur Website der Google-Maps-API. Tippe diesen Link in den Browser:

```
https://developers.google.com/maps/documentation/embed/
```

2. Klicke auf den Button *Schlüssel anfordern*.

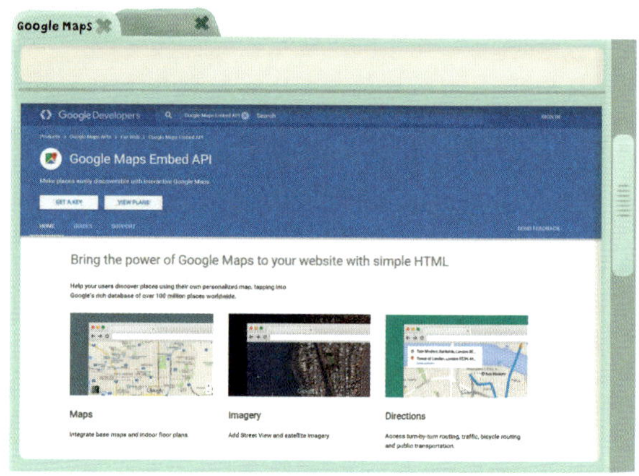

3. Du siehst ein Pop-up-Fenster mit drei Optionen. Klicke auf *Weiter*.

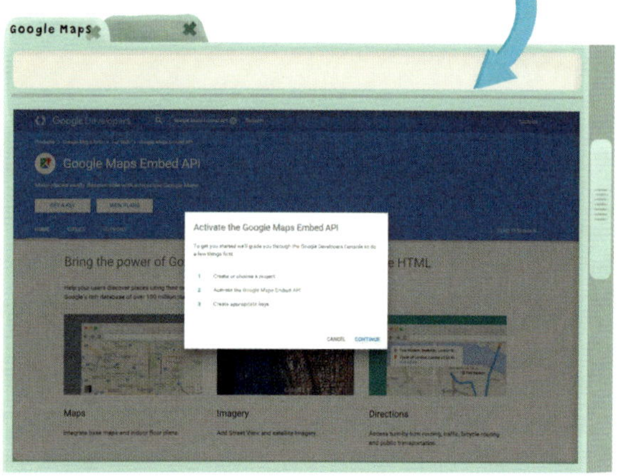

4. Melde dich nun mit einem Google-Konto an. Falls du unter 13 bist, muss dir ein Erwachsener helfen. Du wirst zur Google Developers Console weitergeleitet. Du (wenn du alt genug bist) oder der Erwachsene, der dir hilft, ihr solltet die Nutzungsbedingungen lesen. Erst wenn du hier zustimmst, kannst du weitermachen. Wähle *Neues Projekt erstellen* aus der Ausklappliste und klicke auf *Weiter*.

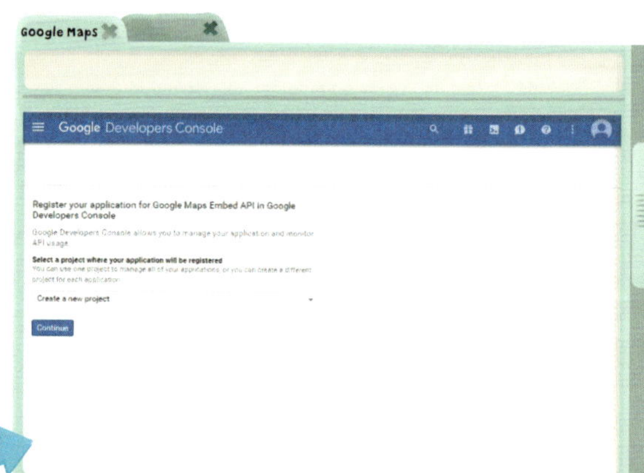

5. Du wirst nun aufgefordert, einen API-Schlüssel zu erstellen, aber du brauchst nichts einzutippen, klicke nur auf *Erstellen*.

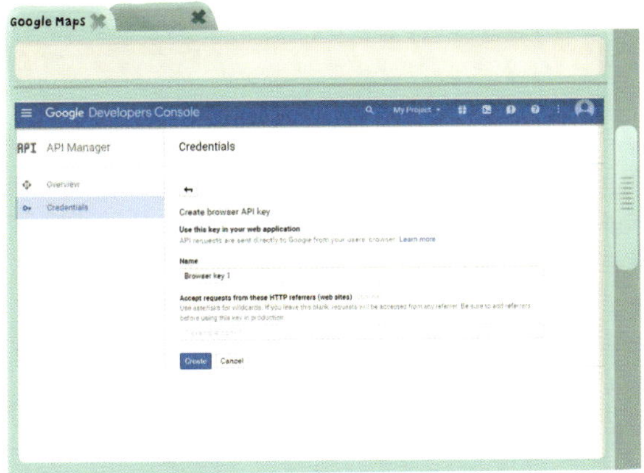

6. Dein API-Schlüssel wird angezeigt. Es ist ein langer Code aus Zahlen und Buchstaben. Der ist immer einmalig, sieht aber etwa so aus:

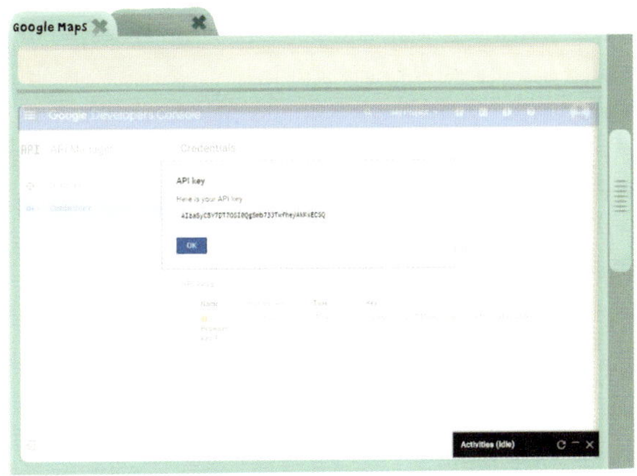

7. Kopiere diesen API-Schlüssel in dein Textprogramm. Speichere die Datei im Ordner **Coding** als Textdatei (mit der Endung **.txt**). Nenne diese neue Datei **APIkey.txt**.

INHALTE EINBINDEN

Jetzt kannst du Inhalte einbinden und hast einen API-Schlüssel für Google Maps. Erstelle nun die Webseite für Dr. Day. Dafür lernst du zuerst, wie Inhalte von anderen Webseiten auf deiner eingebettet werden. Einige neue HTML-Tags und -Attribute brauchst du dafür.

Das <iframe>-Tag: <iframe> und </iframe>

Willst du Google Maps nutzen, brauchst du ein neues HTML-Tag namens `<iframe>`.
Das Start-Tag ist `<iframe>` und das End-Tag `</iframe>`. Mit dem Tag kannst du ein Inline-Frame erstellen und damit Inhalte einer anderen Website auf deiner eigenen einbinden. Mit verschiedenen Attributen kannst du die Art der Darstellung der Inhalte ändern.

Das erste Attribut ist das Attribut `src` (source) aus Mission 1. Mit diesem „Quellattribut" sagst du dem Browser, welchen Inhalt du einbinden willst, und zwar als URL. Wenn du deine Website integrierst, ist die Info in der URL für den Browser sehr wichtig. Schauen wir uns ein Beispiel von der Seite „Mönchsdiamant gefunden" an:

```
<!DOCTYPE html>
<html>
<head>
  <title>Diamant entdeckt</title>
</head>
<body>
  <iframe src="https://www.moenchsdiamantgefunden.com">
  </iframe>
</body>
</html>
```

source-Attribut

<iframe>

URL

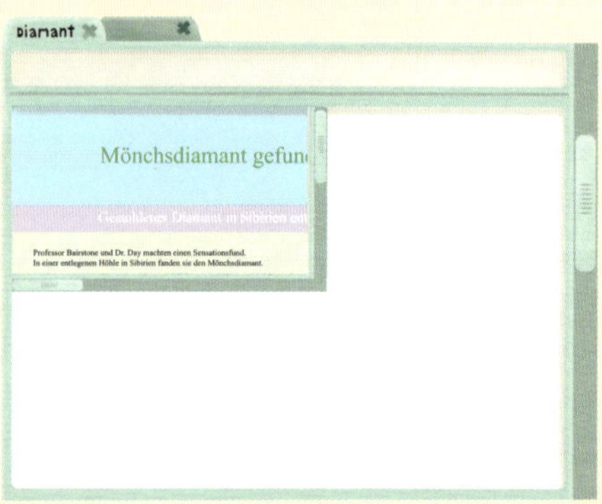

Ein kleiner Teil der Webseite „Mönchsdiamant gefunden", die wir als URL angegeben haben, wird auf deiner Seite eingebettet. Doch in dieser kleinen Größe ist die eingebettete Seite schwer zu sehen. Du musst mit Attribute im `<iframe>`-Start-Tag Größe, Form und Aussehen der eingebetteten Seite gestalten. Schauen wir uns diese Attribute an:
Wie können wir diese Attribute einsetzen, um das `<iframe>`

Attributname	Was es bewirkt	Beispielwert
src	Liefert die URL für den einzubettenden Inhalt	http://www.bing.de
width	Gibt die maximale Breite des `<iframe>`s an	600px; 20%
height	Gibt die maximale Höhe des `<iframe>`s an	600px; 20%
frameborder	Gibt die Rahmenbreite für das `<iframe>` an	0px; 4px
style	Gibt den Stil für das `<iframe>` mit einer CSS-Eigenschaft und einem Wert an	border: 0px

und den eingebetteten Inhalt zu bearbeiten? Denke daran, dass Attribute stets im Start-Tag eingefügt werden müssen:

```
<!DOCTYPE html>
<html>
<head>
  <title>Diamant entdeckt</title>
</head>
<body>
  <iframe
    width="350px"
    height="350px"
    frameborder="0px"
    style="border: 0px"
    src="https://www.moenchsdiamantgefunden.de">
  </iframe>
</body>
</html>
```

width-Attribut

height-Attribut

frameborder-Attribut

style-Attribut

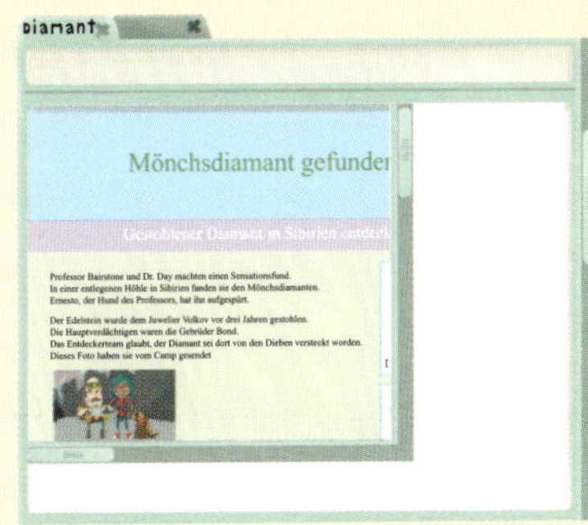

Hier haben wir die Breite- und Höhe-Attribute auf die gleiche Pixelzahl gesetzt, damit das `<iframe>` quadratisch wird. Das frameborder-Attribut und die CSS-Eigenschaft border sind beide auf 0 Pixel gesetzt. So fügt sich das `<iframe>` in die Seite ein. Das macht man mit einem `<iframe>` meistens, denn so wirkt es wie Inhalt von deiner Seite.

CODE-SKILLS ► DAS <IFRAME>-TAG

Jetzt kennst du die Funktion des <iframe>-Tags. Nun probieren wir das Tag mit seinen Attributen aus und ändern, wie eingebettete Inhalte auf einer Webseite erscheinen.

1. Öffne deinen Texteditor. Erstelle eine neue HTML-Datei namens iframe.html. Schreibe die <iframe>-Start- und End-Tags in den <body> der Seite. Nun sieht der Code so aus:

```
<!DOCTYPE html>
<html>
<head>
  <title>iFrames</title>
</head>
<body>
  <iframe>
  </iframe>
</body>
</html>
```

2. Setze die Attribute deines <iframe>s. Gib die Attribute für Höhe, Breite, Rahmen und Stil im <iframe>-Start-Tag an:

```
<body>
  <iframe
    width="350px"
    height="350px"
    frameborder="0px"
    style="border: 0px">
  </iframe>
</body>
```

3. Füge nun das source-Attribut ein. Gib ihm die URL deiner gewünschten Website als Wert:

```
<iframe
  width="350px"
  height="350px"
  frameborder="0px"
  style="border: 0px"
  src="https://www.bing.de">
</iframe>
```

4. Speichere die HTML-Datei und öffne sie im Browser. Deine gewählte Site ist nun in der Webseite eingebettet.

Probiere andere Werte für height und width im <iframe> aus und schau, wie der eingebettete Inhalt nun wirkt.

EINE GOOGLE-KARTE EINBINDEN

Das <iframe>-Tag ist wirklich sehr praktisch. Nun erfährst du, wie du eine Karte von Google auf deine Seite integrierst. Die einfachste Art von Karte nennt sich „Embedded Search". Dazu nimmst du die Google Maps Embed API. Gibt ein Nutzer der API ein Schlüsselwort wie den Namen eines Landes, einer Straße oder Stadt, produziert sie eine Karte.

URLS

Dafür braucht die API eine URL im source-Attribut des <iframe>. Die URL muss verschiedene Infos enthalten, damit die korrekte Karte eingebunden wird. Welche für eine Karte von Moskau in die URL gehören, erfährst du nun:

API-Schlüssel

```
https://www.google.com/maps/embed/v1/search?q=Moscow&key=API-KEY
```

Pfad

API-Funktion search

Abfragestring-Parameter

Der erste URL-Teil ist der Pfad zur Google Maps Embed API. Dann musst du der API sagen, welche integrierte Funktion du brauchst. Wir wollen die API-Funktion search nutzen und fügen das in die URL ein. Als Nächstes kommt der genaue Teil der Anfrage, genannt Abfragestring.

CODE-WÖRTER

Strings sind Daten in Form einer Zeichenfolge. Sie können aus Worten und Zahlen bestehen. Ein Parameter ist ein anderer Name für eine Information oder ein Argument, das eine Funktion zum Ausführen benötigt.

String-Parameter

Diese String-Parameter sind der Teil einer URL mit Variablen, also den vom Nutzer abhängigen Infos. In unserem Beispiel sind das 2 Parameter. Die beiden Variablen sind die gesuchte Karte (Moskau) und der API-Schlüssel.

Die Abfrageparameter müssen strukturiert sein, damit der Google-Server auf in den Variablen gespeicherten Infos zugreifen kann. Die beiden Teile des Abfrageparameters sind Schlüssel und Wert. Beide Parameter sind erforderlich. Auf der nächsten Seite siehst du die Moskau-Karte.

```
https://www.google.com/maps/embed/v1/search?q=Moscow&key=API-KEY
```

Schlüssel Wert Schlüssel Wert

In dieser URL sind beide Parameter durch ein Und-Zeichen (&) getrennt. Der erste ist der Abfrageschlüssel und der zweite der API-Schlüssel. Der Browser braucht beide, weil sie wichtige Infos enthalten:

Parameter-Schlüssel	Was er bewirkt	Beispielwert
q	Gibt den gesuchten Ort an	Moskau, London
key	Liefert den für den Google-Server nötigen API-Schlüssel	API-KEY

Die Google Maps Embed API findet über diese Parameter die Karte zum Einbinden und kann sie in die Seite integrieren. Probiere aus, was passiert, wenn du diese beiden Parameter in der URL als source-Attribut im `<iframe>` verwendest. Nach Speichern und Öffnen der Datei im Browser sehen wir die eingebundene Karte von Moskau.

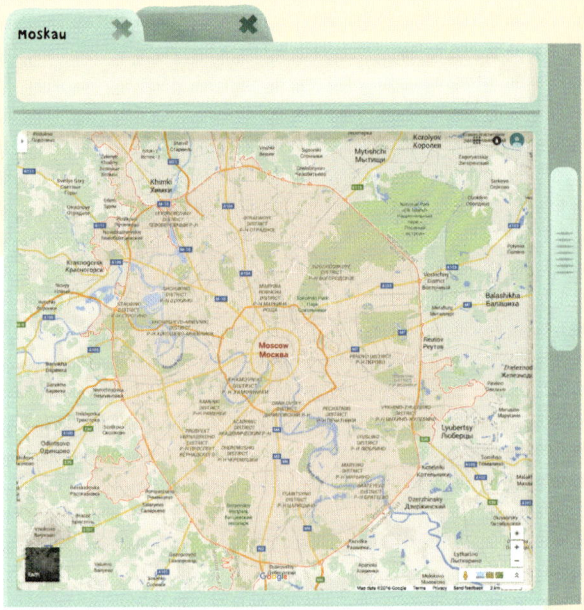


```
<!DOCTYPE html>
<html>
<head>
  <title>Moskau</title>
</head>
<body>
  <iframe
    width="450px"
    height="450px"
    frameborder="0px"
    style="border: 0px"
    src="https://www.google.com/maps/embed/v1/search?q=Moscow&key=API-KEY">
  </iframe>
</body>
</html>
```

CODE-SKILLS ► EINE GOOGLE-KARTE EINBINDEN

Nun wollen wir eine Google-Karte für Moskau einbinden. Das brauchst du, um die Route für Dr. Day und den Sicherheitschef zu planen.

1. Öffne deinen Texteditor. Erstelle eine neue HTML-Datei namens citymap.html. Kopiere den Code aus iframe.html in die neue Datei. Ändere ihn wie folgt ab:

```
<!DOCTYPE html>
<html>
<head>
  <title>Stadtplan</title>
</head>
<body>
  <iframe>
  </iframe>
</body>
</html>
```

2. Füge die Attribute für Höhe, Breite, Rahmen und Stil ins <iframe>-Start-Tag ein. Gib folgende Werte an:

```
<body>
  <iframe
    width="450px"
    height="450px"
    frameborder="0px"
    style="border: 0px">
  </iframe>
</body>
```

3. Schreibe das source-Attribut in das <iframe>-Start-Tag. Nimm die URL der Google Maps Embed API und ergänze zwei Parameter. Setze „q" auf den gewünschten Ort deiner Karte und „key" auf den API-Schlüssel, den du bereits hast. Das source-Attribut sieht nun so aus:

```
<iframe
  width="450px"
  height="450px"
  frameborder="0px"
  style="border: 0px"
  src="https://www.google.com/maps/embed/
    v1/search?q=Moscow&key=API-KEY">
</iframe>
```

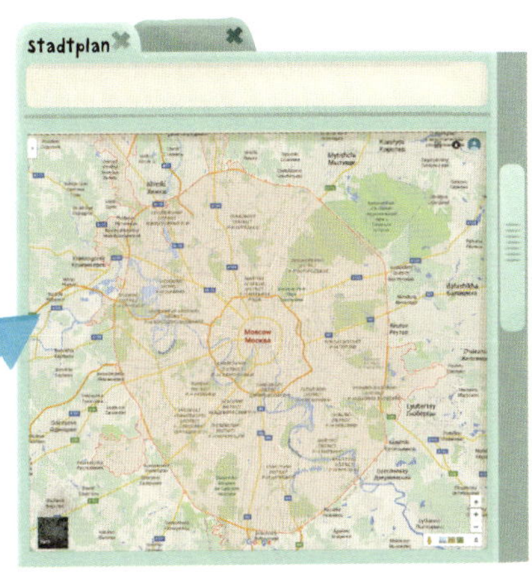

4. Speichere die HTML-Datei und öffne sie im Browser. Die Karte erscheint nun auf der Seite.

EINE ROUTE MIT GOOGLE MAPS PLANEN

Nun kannst du eine Karte auf der Seite einbinden. Nutze sie dafür, um für Dr. Day und den Sicherheitschef die Route durch Moskau zu planen. Dafür brauchen wir eine neue URL und eine neue Funktion in der Google Maps Embed API. Wir müssen die URL aber etwas anders erstellen.

Denn wir brauchen nicht die Funktion search, sondern directions. Diese Funktion erstellt eine Karte mit einer Route von einem eingegebenen Start- und Endziel. Dr. Day will den Mönchsdiamanten vom Gorki-Park zur Basilius-Kathedrale bringen. Die neue URL sieht also so aus:

Pfad — API-Funktion directions — String-Parameter

```
https://www.google.com/maps/embed/v1/directions?
origin=GorkyPark,Moscow&destination=StBasil,Moscow&key=API-KEY
```

Wie vorher ist der erste Teil der URL der Pfad zur Google Maps Embed API. Dann fordern wir die Nutzung der directions-Funktion an. Darin geben wir die drei Parameter für Start und Ziel sowie den API-Schlüssel an. Für Start und Ziel kannst du viele Werte eingeben, doch am einfachsten ist es, den Straßennamen und den Ort anzugeben. Diese beiden neuen Schlüssel sind für den Browser wichtig, denn sie liefern folgende Info:

Parameter-Schlüssel	Was er bewirkt	Beispielwert
origin	Gibt den Ort an, wo die Route beginnt	Gorki-Park, Moskau
destination	Gibt den Ort an, wo die Route endet	Basilius-Kathedrale, Moskau

Gemerkt?

Wir geben den Namen von Website und Stadt mit Komma (,) getrennt an. Nach dem Komma kein Leerzeichen.

4

Füge die neue URL ins source-Attribut ein und schau dir dann die Route durch Moskau für Dr. Day und den Sicherheitschef an.

```
<!DOCTYPE html>
<html>
<head>
  <title>Geheime Route</title>
</head>
<body>
  <iframe
    width="650px"
    height="650px"
    frameborder="0px"
    style="border: 0px"
    src="https://www.google.com/maps/embed/v1/directions?
      origin=GorkyPark,Moscow&destination=StBasil,Moscow&key=
      API-KEY">
  </iframe>
</body>
</html>
```

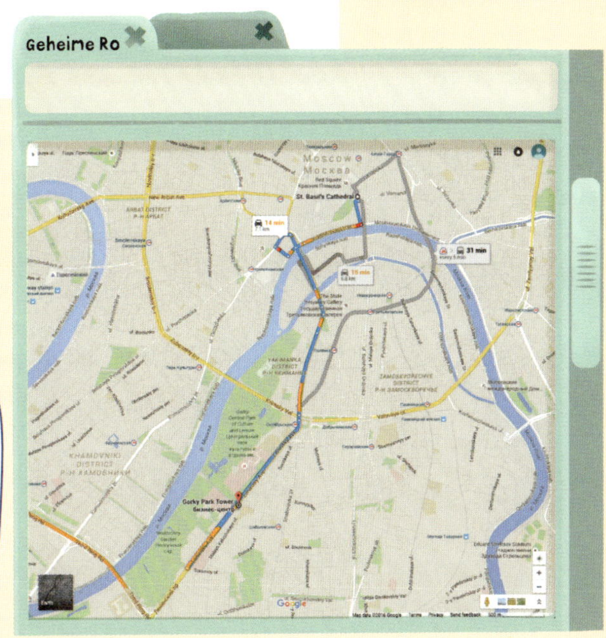

Mission 4

DEINE AUFGABE
EINE ROUTE PLANEN

Tolle Arbeit! Du kannst nun eine Web-API und Google Maps auf deiner Seite verwenden. Mit diesem Wissen planst du eine Route durch Moskau vom Gorki-Park zur Basilius-Kathedrale. So bleibt der Diamant sicher.

Infos für die Planung der Route in Moskau

Mit deinen Code-Skills planst du die Route wie folgt:

- Du brauchst einen API-Schlüssel, um die Google Maps Embed API zu nutzen.
- **Erstelle ein `<iframe>`**: Mit diesem neuen HTML-Tag bettest du Inhalte auf deiner Seite ein.
- Ändere die Darstellung deines **`<iframe>`**: Mit Attributen änderst du Höhe, Breite und Rahmen fürs `<iframe>`.
- Nimm das source-Attribut: Bette damit eine URL ein und nutze so die gewünschte Web-API.
- Baue die Google Maps Embed API ein: Erstelle mit dieser Google-API eine Google-Map.
- Nutze die integrierte direction-Funktion: Damit findest du die richtige Route.
- Gib Abfrageparameter an: Gib der destination-Funktion Start und Ziel deiner Route.

Speichere die Datei im Ordner **Coding** und nenne sie **route.html**.

```
<!DOCTYPE html>
<html>
<head>
  <title>Geheime Route</title>
</head>
<body>
  <iframe
    width="1000px"
    height="1000px"
    frameborder="0px"
    style="border: 0px"
    src="https://www.google.com/maps/embed/v1/directions?origin=Gorky
Park,Moscow&destination=StBasil,Moscow&key=API-KEY">
  </iframe>
</body>
</html>
```

DEINE CODE-SKILLS

Wenn du dich mit Web-APIs auskennst, kannst du dir leicht andere Apps oder Websites zunutze machen. Mit diesem Code kannst du Webseiten und Apps schreiben, die große Webdienste wie Facebook oder Instagram nutzen oder Google Maps und Dropbox. Das geht schneller, und du musst das Rad nicht neu erfinden.

Mission 5

ERSTELLE EIN SPIEL

- NUTZUNG DES TIMERS IN JAVASCRIPT
- ALLES ÜBER SCHLEIFEN IN DER SPIELE-PROGRAMMIERUNG
- ANIMATION VON HTML-ELEMENTEN MIT JAVASCRIPT
- BAUE EIN SPIEL, DAS REAKTIONSZEITEN TESTET

Missionsauftrag

5

Lieber Coder,

gestern traf der Mönchsdiamant beim Juwelier Volkov ein. Dr. Day und ich sind dir äußerst dankbar für deine Hilfe. Alles lief reibungslos, doch einmal glaubte Dr. Day, dass ihr ein Bärtiger mit großem Hut folgte. Er verschwand schnell, aber wir sind alarmiert. Dem Himmel sei Dank, der Diamant kam sicher an.

In seiner neuen Vitrine und auf dem neuen Samtkissen sieht er spektakulär aus! Gerade haben wir die Snacks auf Servierplatten gelegt, nun ist die Liste abgearbeitet. Alles ist bereit für die große Ausstellungseröffnung heute Abend.

Offen gestanden bin ich seit dem Fund in der Felsspalte über unsere Sicherheitsvorkehrungen besorgt. Ich weiß, dass wir sehr vorsichtig waren und die Entdeckung des Diamanten geheim gehalten haben. Toll, dass du uns mit dem Passwort geholfen hast. Aber ich fürchte, die Gebrüder Bond sind uns noch auf der Spur (denk dran, einer ist ein gewiefter Cyber-Krimineller). Meine größte Angst ist, dass sie mit einem erneuten Diebstahl die Ausstellung sabotieren und uns alle gefährden.

Eine alte Freundin aus London, die für ein sehr berühmtes Museum arbeitet, hat mir kürzlich von der Schulung eines Sicherheitsteams berichtet. Ich konnte erst nicht glauben, dass sie dafür ein Computerspiel benutzt hat. Das Spiel hat die Reaktionszeiten des Teams deutlich verbessert. Nun reagieren sie viel schneller auf verdächtige Umstände im Museum als vorher.

Ich möchte dich fragen, ob du uns auch ein solches Spiel für den Sicherheitsdienst des Juweliers Volkov bauen kannst. Heute Nachmittag bin ich eingespannt, weil ich Ernesto ein neues Halsband kaufen muss. Ich hoffe sehr, dass du uns hilfst. Ich habe einen meiner privaten Einträge aus der Enzyklopädie angehängt. Sie enthalten vertrauliche Infos über die Ausstellung, gib das also bitte nicht weiter.

Vielen Dank für deine großartige Unterstützung! Beste Grüße aus dem quirligen Moskau, Professor Harry Bairstone

ENZYKLOPÄDIE
DER ENTDECKER
Handbuch für Abenteurer

Homepage
Inhalt
Neueste Entdeckungen
Berühmte Abenteurer
Historische Expeditionen

Sicherheitsteam beim Juwelier Volkov

Aus der Enzyklopädie der Entdecker, dem Handbuch für Abenteurer

Dies ist ein privater Eintrag mit beschränktem Zugriff. Den öffentlichen Beitrag über den Juwelier Volkov finden Sie hier.

Das **Sicherheitsteam von Juwelier Volkov** ist für die Sicherheit der höchst wertvollen Juwelen zuständig, die in der Privatsammlung des Juweliers Volkov gezeigt werden.

Nach dem Raub des Mönchsdiamanten werden die Juwelen in abgeschlossenen Vitrinen ausgestellt. Das gehärtete Glas ist 200 Mal stärker als normales Fensterglas.

5

Spielregeln für Sicherheitstraining

- 6 Personen erscheinen pro Sekunde auf dem Bildschirm
- 5 sind Gäste, einer ist ein Dieb.
- Klickst du auf den Dieb, bekommst du 1 Punkt.
- Klickst du auf einen Gast, verlierst du 2 Punkte.
- Das Spiel hat 6 Runden.
- **Ziel des Spiels: Finde alle 6 Diebe und erreiche 6 Punkte.**

Im Hinblick auf weitere Diebstähle hat der Inhaber Viktor Volkov sein Sicherheitsteam darauf trainiert, auf verdächtige Kunden zu achten. Im vergangenen Jahr haben mehrere Gangster versucht, die Vitrinen mit Dietrichen zu öffnen.

Die Sonderausstellung, die Herr Volkov für den Mönchsdiamanten ausrichtet, wird das anspruchsvollste Event sein, das das Juwelierhaus Volkov je umgesetzt hat. Herr Volkov hat Professor Bairstone für die Eröffnung der Ausstellung als Sicherheitsberater konsultiert.

Die Gebrüder Bond haben sich bei früheren Raubzügen verkleidet. Herr Volkov und Prof. Bairstone befürchten, dass sich Bandenmitglieder als Gäste getarnt in die Ausstellung einschleichen.

Man hat sich auf eine Strategie geeinigt, die von Professor Li für Museen in London entwickelt wurde. Ein Computerspiel mit einfachen Regeln hat sich als äußerst effektiv erwiesen, um die Reaktionszeit des Wachpersonals zu verbessern.

Das Spiel muss schnell erstellt werden, damit das Team ausreichend geschult ist, bevor die Ausstellung eröffnet wird.

SPIEL ERSTELLEN

Nun kennst du die Einzelheiten für Mission 5 und kannst dein Spiel beginnen. Diese Mission ist etwas anders als diejenigen, die du bisher abgeschlossen hast. Du wirst das Spiel beim Durcharbeiten der Mission erstellen. Folge den Anweisungen und kopiere den Code. Dann kriegst du das Spiel für Professor Bairstone rechtzeitig fertig.

1. Erstelle eine HTML-Datei.

So wie bei all den anderen Missionen brauchen wir zuerst eine neue HTML-Datei. Nenne diese neue Datei **securitygame.html**. Kopiere diesen Code in dein Textprogramm:

```
<!DOCTYPE html>
<html>
<head>
  <title>Sicherheitsspiel</title>
</head>
<body>
</body>
</html>
```

Speichere die HTML-Datei im Ordner **Coding** auf dem Desktop.

2. Spielfeld erstellen

Nun brauchen wir die Grundstruktur für das Spiel. Für die Webseite schreiben wir ein Spielfeld. Das Spielfeld soll der Bereich des Browsers sein, in dem das Spiel läuft. Wenn das Sicherheitsteam das Spiel spielt, erscheinen Dieb und Gäste auf dem Spielfeld.

Schreibe ein leeres <div> in den <body> der Seite für das Spielfeld. Füge ein id-Attribut in das <div> ein. Der <body> sieht nun so aus:

```
<body>
  <div id="spielFeld">
  </div>
</body>
```

id-Attribut

5

Schreibe in den <head> eine CSS-Klasse, die das Aussehen des <div>s ändert. Mit dem sogenannten id-Selektor von CSS findest du das <div> über das id-Attribut. Mit CSS-Selektoren formatierst du bestimmte Elemente. Für den id-Selektor brauchst du nur einen Klassennamen mit einem Hash (#) und das id-Attribut des zu ändernden HTML-Elements. Erstelle eine CSS-Klasse namens spielFeld, mit dem die CSS-Eigenschaften und -Werte des <div> bestimmt werden.
Der Code für die CSS-Klasse im <head> muss so aussehen:

Für das Spielfeld:

- Rahmen schwarz, 1px breit
- Grauer Hintergrund
- 350px hoch
- 650px breit

```
<head>
  <title>Sicherheitsspiel</title>
  <style>
    #spielFeld {
      border: 1px solid black;
      background-color: gray;
      height: 350px;
      width: 650px;
    }
  </style>
</head>
```

CSS-Selektor id

Speichere die HTML-Datei und öffne sie im Browser. Du siehst das leere Spielfeld auf dem Bildschirm.

3. Einen Button einbauen

Nun haben wir ein Spielfeld und brauchen einen Button für die Seite. Wenn der Spieler auf den Button klickt, soll der Code für das Spiel starten.

Füge den Button über ein <div> in den <body> ein. Erstelle den Button wie in Mission 3 und nimm dafür das <input/>-Tag und die Attribute type und value. Das onclick-Attribut des <input/>-Tags soll eine JavaScript-Funktion namens startSpiel aufrufen. Der Code für den Button sieht so aus:

```
<input type="button" value="Spielen" onclick="startSpiel()";/>
```

Erstelle nun die startSpiel-Funktion, die der Button beim Anklicken aufruft. Schreibe die Funktion unterhalb des <div>s in den <body>. Der <script>-Block sieht nun so aus:

```
<script>
  function startSpiel() {
  }
</script>
```

Der komplette Codeblock enthält folgende Angaben:

```
<!DOCTYPE html>
<html>
<head>
  <title>Sicherheitsspiel</title>
  <style>
    #spielFeld {
      border: 1px solid black;
      background-color: gray;
      height: 350px;
      width: 650px;
    }
  </style>
</head>
<body>
  <input type="button" value="Spielen" onclick="startSpiel()";/>
  <div id="spielFeld">
  </div>
  <script>
    function startSpiel() {
     }
  </script>
</body>
</html>
```

Button

Funktionsaufruf

JavaScript-Funktion

Speichere den Code und öffne ihn im Browser. Du siehst den Button auf dem Bildschirm. Wenn du ihn jetzt anklickst, passiert nichts. Die startSpiel-Funktion braucht erst noch Code.

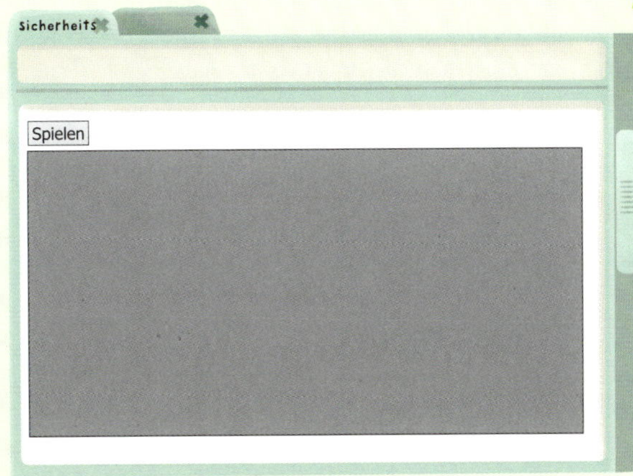

4. JavaScript-Timer erstellen

Bei diesem Spiel soll die Reaktionszeit des Sicherheitsteams von Juwelier Volkov getestet werden. Damit das Spiel funktioniert, müssen wir lernen, wie wir einen Code immer wieder mit JavaScript starten können, nachdem ein bestimmter Zeitraum verstrichen ist. Das nennt man einen Timer.

Bei JavaScript gibt es einen integrierten Timer namens setTimeout, mit dem du eine Funktion nach einem bestimmten Zeitraum aufrufst. Du brauchst der setTimeout-Funktion nur den Namen der Funktion zu geben, die aufgerufen werden soll, und die Dauer als Argumente hinzuzufügen. Aus Mission 2 weißt du, dass eine Funktion ein Argument bekommt, indem man dieses in Klammern schreibt. Dieses Mal übergeben wir der Funktion zwei Argumente. So lässt du setTimeout eine Funktion nach einer bestimmten Zeit aufrufen.

In diesem Beispiel wird die Funktion SpielTimer nach 1 Sekunde (1000 Millisekunden) aufgerufen.

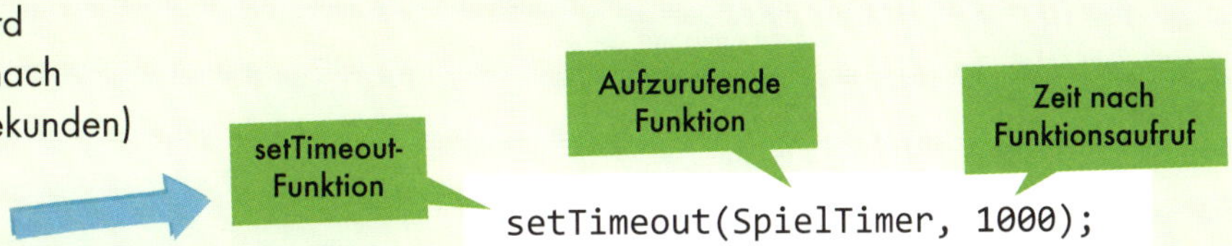

Gemerkt?

Die Funktion setTimeout erhält Millisekunden. In einer Sekunde sind 1000 Millisekunden. Um die erforderlichen Millisekunden zu bekommen, multiplizierst du die Sekundenzahl mit 1000. Wenn eine Funktion also nach 3 Sekunden aufgerufen werden soll, rechnest du 3 mal 1000.

CODE-SKILLS ► DIE SETTIMEOUT-FUNKTION

JavaScript-Timer wie die Funktion setTimeout sind für Spiele sehr praktisch. Probieren wir nun diese Funktion aus, damit du sie später in der Mission ins Spiel einbauen kannst. Wir schreiben ein Programm, das eine Zahl pro Sekunde hochzählt.

1. Öffne deinen Texteditor. Erstelle eine neue HTML-Datei namens **timers.html**. Tippe diesen Code ein:

```
<!DOCTYPE html>
<html>
<head>
  <title>Timer</title>
</head>
<body>
  <div id="zahl">
  </div>
</body>
</html>
```

2. Schreibe das <script>-Tag nun in den <head>. Erstelle im <script>-Block eine Variable und gib ihr den Wert 0 mit dem Zuweisungsoperator (=):

```
<head>
  <title>Timer</title>
  <script>
    var zaehler = 0;
  </script>
</head>
```

3. Erstelle nun eine Funktion namens updateZaehler. Sobald die Funktion aufgerufen wird, addiert sie mit dem Additionsoperator (+) 1 zum Wert der Variablen. Suche mit getElementById und innerHTML das leere <div> und gib ihm den Inhalt der Variablen. Dies ist der Code:

```
<script>
  var zaehler = 0;
  function updateZaehler() {
    zaehler = zaehler + 1;
    document.getElementById("zahl").innerHTML = zaehler;
  }
</script>
```

1 addieren

Bildschirm aktualisieren

<div> suchen

4. Nun schreiben wir einen Funktionsaufruf in den <body>. Füge ihn wie folgt ein:

```
<body>
  <div id="zahl">
  </div>
    <script>
      updateZaehler();
    </script>
</body>
```

5. Schließlich brauchen wir einen Timer, der die Funktion jede Sekunde im <script>-Block aufruft. Dafür nehmen wir die setTimeout-Funktion. Wir übergeben der setTimeout-Funktion den Funktionsnamen und die Zahl der Millisekunden als Argumente. Der <script>-Block sieht nun so aus:

```
<script>
  var zaehler = 0;
  function updateZaehler() {
    zaehler = zaehler + 1;
    document.getElementById("zahl").innerHTML = zaehler;
    setTimeout(updateZaehler, 1000);
  }
</script>
```

updateCount in 1 Sekunde aufrufen

Speichere die HTML-Datei und öffne sie im Browser. Du siehst den Timer in Aktion. setTimeout ruft jede Sekunde die updateZaehler-Funktion auf. Die Funktion startet und pro Sekunde wird die Variable um den Wert 1 erhöht. Die Zahl im Browser wird automatisch aktualisiert.

5. Erstelle eine Spielschleife

Spiele gehören zu den schwierigsten Programmierprojekten. Du kannst sie auf verschiedene Weise erstellen. Oft wird dafür eine Spielschleife genommen. Die Schleife aus Mission drei lernst du jetzt noch besser kennen.

Eine Spielschleife ist eine JavaScript-Funktion, die während des Spiels ständig wieder aufgerufen wird. Du prüfst damit z. B., ob ein Spieler eine bestimmte Aktion durchgeführt hat, stellst HTML-Elemente dar oder startest den Code für das Spiel.

Mit der integrierten Funktion setTimeout erstellen wir eine Spielschleife. Wir brauchen im `<script>`-Block eine neue Funktion, die alle drei Sekunden einen Alert zeigt. Diese Funktion nennen wir spielSchleife. Sie wird beim Anklicken des Buttons aufgerufen. Sehen wir uns den Codeblock an:

```
<!DOCTYPE html>
<html>
<head>
    <title>Sicherheitsspiel</title>
    <style>
      #spielFeld {
        border: 1px solid black;
        background-color: gray;
        height: 350px;
        width: 650px;
      }
    </style>
</head>
<body>
    <input type="button" value="Spielen" onclick="startSpiel()";/>
    <div id="spielFeld">
    </div>
      <script>
        function startSpiel() {
          spielSchleife();
        }
        function spielSchleife() {
          alert("Spiel vorbei!");
          setTimeout(spielSchleife, 3000);
        }
      </script>
</body>
</html>
```

Funktionsaufruf

Funktion

Alert

Timer

Millisekunden

Nun speicherst du den bearbeiteten Code und öffnest ihn im Browser. Klickst du auf den Button, rufst du damit die Funktion startSpiel auf und somit die Spielschleife. Die Funktion spielSchleife wird alle drei Sekunden aufgerufen. Jedes Mal erscheint ein Alert. Klicke auf OK, damit er weiterhin erscheint.

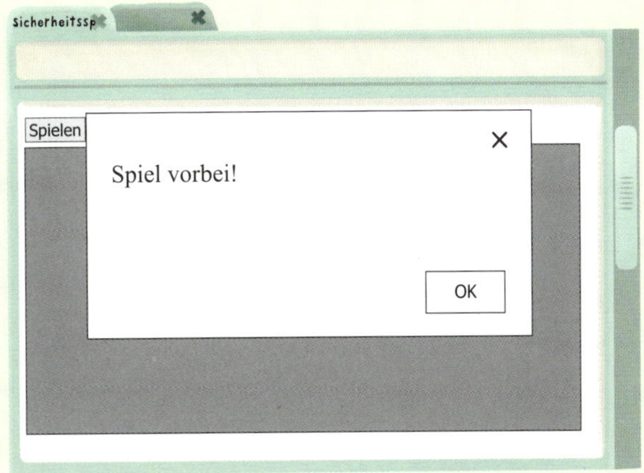

6. Gäste und Dieb aufs Spielfeld bringen

Nun hast du Spielfeld, Button und Spielschleife erstellt und kannst die Personen ins Spiel einbauen. Je Sekunde sollen sechs verschiedene Personen an verschiedenen Stellen auf dem Bildschirm aufgedeckt werden. Fünf der Personen sind Gäste, einer ist der Dieb. Das Sicherheitsteam soll seine Reaktionszeit testen, indem man auf den Dieb klickt, sobald er erscheint.

Nun sollen die Personen aufs Spielfeld. Jede Person braucht ein eigenes <div>. Erstelle sechs <div>-Tags, die im spielFeld-<div> verschachtelt werden, und nummeriere sie von 1 bis 6:

```
<div id="spielFeld">
  <div>1</div>
  <div>2</div>
  <div>3</div>
  <div>4</div>
  <div>5</div>
  <div>6</div>
</div>
```

Speichere den Code und aktualisiere die Seite. Du siehst nun die 6 <div>-Tags für das Spielfeld:

Jetzt wollen wir Design und Layout der <div>-Tags mit CSS ändern. Dazu erstellen wir eine CSS-Klasse namens person, die aus den <div>-Tags quadratische Kästen macht. Im Textprogramm fügst du diese neue CSS-Klasse in das <style>-Tag des <head> ein. Der vollständige <style>-Block sieht nun so aus:

```
<!DOCTYPE html>
<html>
<head>
  <title>Sicherheitsspiel</title>
  <style>
    #spielFeld {
      border: 1px solid black;
      background-color: gray;
      height: 350px;
      width: 650px;
    }
    .person {
      background-color: lightblue;
      width: 120px;
      height: 120px;
      padding: 10px;
      margin: 10px;
      float: left;
    }
  </style>
</head>
```

Neue CSS-Klasse

Gemerkt?

Wir haben die CSS-Eigenschaft float benutzt. Damit werden die <div>-Tags aneinander ausgerichtet.

Füge diese neue CSS-Klasse person mit dem class-Attribut in alle sechs <div>-Tags ein wie in Mission 1. Das ist die Ansicht des aktuellen <body>s:

```
<body>
  <input type="button" value="Spielen" onclick="startSpiel()";/>
  <div id="spielFeld">
    <div class="person">1</div>
    <div class="person">2</div>
    <div class="person">3</div>
    <div class="person">4</div>
    <div class="person">5</div>
    <div class="person">6</div>
  </div>
  <script>
    function startSpiel() {
      spielSchleife();
    }
    function spielSchleife() {
      alert("Spiel vorbei!");
      setTimeout(spielSchleife, 3000);
    }
  </script>
</body>
</html>
```

class-Attribut

Speichere den Code und aktualisiere die Seite. Die CSS-Eigenschaften gelten nun für die <div>-Tags.

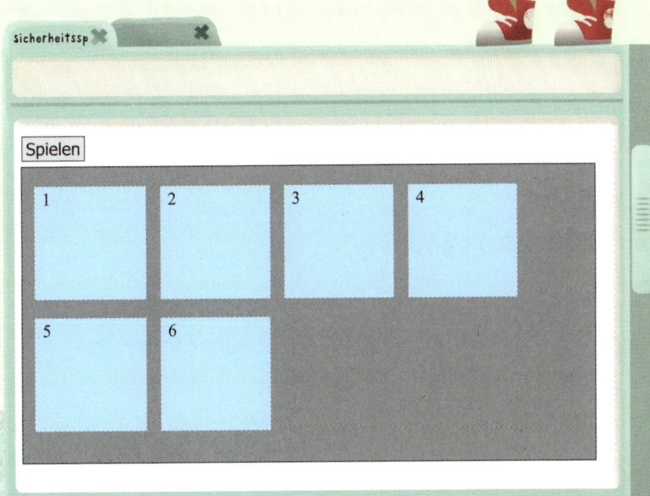

7. Stoppe das Spiel anhand der Spielschleife

Nach Einfügen der Personen auf dem Spielfeld müssen wir die Spielschleife überarbeiten. Momentan erscheint alle drei Sekunden ein Alert. Die Schleife soll nun aber nach einem gewissen Zeitraum stoppen. Dazu zählen wir, wie oft die Schleife durchlaufen wird. Wird eine bestimmte Zahl erreicht, endet das Spiel.

Um die Schleifen zählen zu können, erstellen wir eine Variable, die bei jedem Aufruf größer wird. Dafür nehmen wir eine Variable namens Schleifen, die den Wert 0 hat. Diese setzen wir vor die spielSchleife-Funktion in den `<script>`-Block:

```
<script>
  function startSpiel() {
    spielSchleife();
  }
  var Schleifen = 0;
  function spielSchleife() {
    alert("Spiel vorbei!");
    setTimeout(spielSchleife, 3000);
  }
</script>
```

Variable

Diese Variable soll in der spielSchleife-Funktion aufgerufen und ihr Wert bei jedem Aufruf um 1 erhöht werden. Dafür schreiben wir Folgendes:

```
Schleifen = Schleifen + 1;
```

Doch diese Anweisung kann man mit einem neuen JavaScript-Operator noch einfacher und kürzer schreiben. Es ist der Inkrementoperator (++), der wie die anderen Operatoren aus Mission 2 funktioniert. Damit addieren wir jeweils 1 zum Wert der Variable. Das schaut dann so aus:

Inkrement-Operator

```
Schleifen++;
```

Mit dem Inkrementoperator können wir in der spielSchleife-Funktion zählen, wie oft die Schleife aufgerufen wird. Nimm den Alert aus der spielSchleife-Funktion und ersetze ihn durch den neuen Code:

```
function spielSchleife() {
  Schleifen++;
  setTimeout(spielSchleife, 3000);
}
```

Nun soll die Spielschleife eine vorgegebene Anzahl durchlaufen, bevor das Spiel endet. Dazu fügen wir eine if- und eine else-Anweisung in die spielSchleife-Funktion ein, die prüft, wie oft die Schleife durchlaufen wurde.

Wenn die Schleife eine bestimmte Zahl durchlaufen hat, soll die Funktion setTimeout die Schleife stoppen und einen Alert erscheinen lassen. Die Schleife soll 12-mal laufen. Sie braucht drei Sekunden bis zur 12. Schleife und endet dann. Das Spiel wird insgesamt 33 Sekunden dauern (11 mal 3) und endet dann in der 12. Schleife. Schauen wir uns den ganzen <script>-Block mit der neuen Variablen sowie den if- und else-Anweisungen an:

```
<script>
  function startSpiel() {
    spielSchleife();
  }
  var Schleifen = 0;
  function spielSchleife() {
    Schleifen++;
    if(Schleifen < 12) {
      setTimeout(spielSchleife, 3000);
    }
    else {
      alert("Spiel vorbei!");
    }
  }
</script>
```

if-Anweisung

Timer

else-Anweisung

Die if-Anweisung prüft, wie oft die Schleife gelaufen ist. Ist das weniger als 12 (<), läuft sie weiter und ruft setTimeout erneut auf. Ist das mehr als 12, startet die else-Anweisung den Alert.

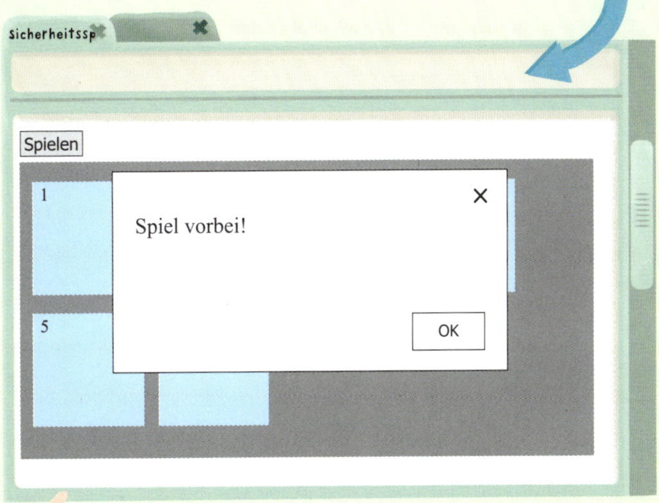

Speichere den neuen Code und aktualisiere die Seite. Klicke auf den Spielen-Button und warte, bis der Alert erscheint. Dein Spiel endet nun nach einer bestimmten Zeit.

8. Mit CSS deckst du die Personen auf und zu

Während des Spiels tauchen Gäste und Diebe auf dem Feld auf und verschwinden wieder. Das Sicherheitsteam muss den Dieb entdecken und auf ihn klicken. Im Spielverlauf werden also Bilder über CSS auf- und zugedeckt. Dafür brauchen wir eine neue CSS-Eigenschaft, die die HTML-Elemente im Browser auf- und zudeckt. Dann wenden wir die Eigenschaft mit JavaScript auf die Personen an. Für die CSS-Eigenschaft display gibt es viele verschiedene Werte. Fürs Spiel brauchen wir „block" und „none".

Name CSS-Eigenschaft	Was sie bewirkt	Beispielwert
display	Ändert die Darstellung eines HTML-Elements	block; none;

Wenn du die display-Eigenschaft eines HTML-Elements auf none setzt, erscheint es nicht auf dem Bildschirm. Setzt du sie auf block, wird das HTML-Element als Quadrat angezeigt.

Füge die beiden CSS-Klassen sichtbar und versteckt ein. Schreibe die display-Eigenschaft wie folgt in den <style>-Block:

Speichere den Code.

```
<style>
  #spielFeld {
    border: 1px solid black;
    background-color: gray;
    height: 350px;
    width: 650px;
  }
  .person {
    background-color: lightblue;
    width: 120px;
    height: 120px;
    padding: 10px;
    margin: 10px;
    float: left;
  }
  .versteckt {
    display: none;
  }
  .sichtbar {
    display: block;
  }
</style>
```

CSS-Eigenschaft display

CODE-SKILLS ► DIE CSS-EIGENSCHAFT DISPLAY

Mit der CSS-Eigenschaft display kannst du HTML-Elemente erscheinen und verschwinden lassen. Das brauchst du, damit die Personen im Spiel korrekt dargestellt werden.

1. Öffne deinen Texteditor. Erstelle eine neue HTML-Datei namens **display.html**. Tippe den folgenden Code ein und speichere die Datei. Öffne sie im Browser. Die Seite wird so aussehen:

```
<!DOCTYPE html>
<html>
<head>
  <title>Anzeige</title>
</head>
<body>
  <div>Sicherheitsteam</div>
  <div>Dieb</div>
  <div>Gast</div>
</body>
</html>
```

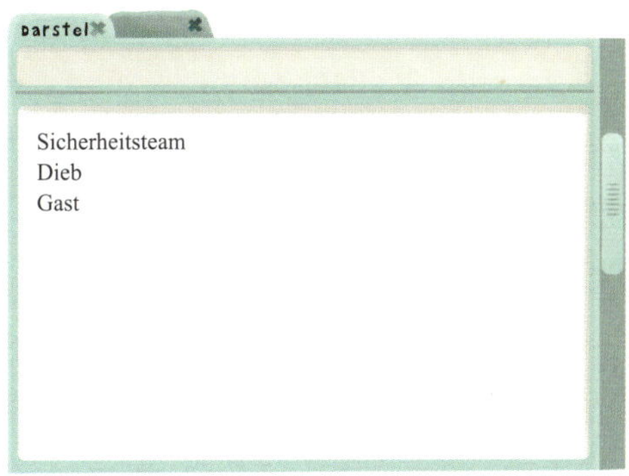

2. Öffne die Datei erneut im Textprogramm. Schreibe die display-Eigenschaft ins zweite <div>, so wie hier:

```
<body>
  <div>Sicherheitsteam</div>
  <div style="display: none;">Dieb</div>
  <div>Gast</div>
</body>
```

3. Speichere die Datei und aktualisiere die Seite. Durch den none-Wert in der display-Eigenschaft bleibt das zweite <div> verborgen.

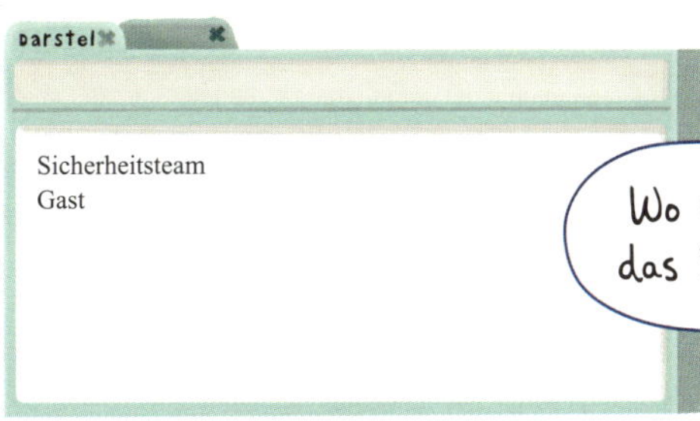

9. Personen animieren

Wir müssen nun die beiden neuen CSS-Klassen (sichtbar und versteckt) in die Spielschleife einbauen, damit die Personen-<div>-Tags animiert werden. Dafür soll die Spielschleife die neuen CSS-Klassen in diese <div>-Tags einfügen und wieder entfernen.

Während des Spiels sollen die Personen auf dem Bildschirm auf- und wieder zugedeckt werden. Aktuell sind es zwölf Durchläufe, also müssen die <div>-Tags der Personen jeweils sechs Durchläufe sichtbar bzw. unsichtbar sein, damit das Aufblitzen wirkt. Zuerst brauchen wir zum Speichern dieser Information eine neue Variable namens sichtbarPerson. Diese wird auf den Wert false gesetzt:

```
var sichtbarPerson = false;
```

Die Variable muss zu Beginn auf false stehen, damit die Personen-Tags auf dem Bildschirm verborgen sind. Wird die Variable dann true, erscheint die Person.

Sobald die Spielschleife läuft, soll der Wert in der neuen Variablen zwischen true und false wechseln. Dafür brauchen wir den JavaScript-Operator not (!). Dieser not-Operator soll den Wert der Variablen ändern.

Schauen wir uns an, wie dieser not-Operator im <script>-Block eingesetzt wird. Tippe den folgenden Code in dein Textprogramm und speichere die Datei.

```
<script>
  function startSpiel() {
    spielSchleife();
  }
  var Schleifen = 0;
  var sichtbarPerson = false;
  function spielSchleife() {
    sichtbarPerson = !sichtbarPerson;
    Schleifen++;
    if(Schleifen < 12) {
      setTimeout(spielSchleife, 3000);
    }
    else {
      alert("Spiel vorbei!");
    }
  }
</script>
```

Variable

not-Operator

Mit dem not-Operator (!) wurde der Wert der neuen Variablen wechselweise geändert. Ist ihr Wert false, wenn die Variable in der spielSchleife-Funktion aufgerufen wird, ändert der not-Operator ihren Wert auf true. Und umgekehrt: ist die Variable true, wird der not-Operator sie auf false setzen.

Bei jedem Durchlauf wird die Schleifen-Variable um 1 hochgesetzt, und die sichtbarPerson-Variable wechselt zwischen true und false. Beim Durchlaufen der Schleife sehen die Variablen so aus:

Nummer Schleife	**Variablenwert**
1	true
2	false
3	true
4	false
5	true
6	false
7	true
8	false
9	true
10	false
11	true
12	false
Spiel vorbei	

Jetzt brauchen wir eine neue Funktion namens zeigePerson im `<script>`-Block, die dafür sorgt, dass die Personen-Tags erscheinen, wenn der Variablenwert true ist. Das erledigen wir mit den beiden neuen CSS-Klassen. Ist der Wert true, soll die CSS-Klasse sichtbar benutzt werden, und bei false die CSS-Klasse versteckt. Auf der nächsten Seite steht, wie diese Funktion geschrieben wird.

10. CSS mit JavaScript verwenden

Wir brauchen eine neue Funktion, die abhängig vom Wert der Variablen eine CSS-Klasse auf die Personen-<div>-Tags anwendet. Sie soll zeigePerson heißen. Die Funktion muss das Spielfeld anhand von getElementById finden und sie in der Variablen spielFeld speichern. Dann muss sie eine CSS-Klasse wählen und auf die Person-<div>-Tags anwenden. Das hängt vom Wert der sichtbarPerson-Variablen ab.

Um die CSS-Klassen zu finden, erstellen wir eine zweite Variable namens zuSetzendeKlasse, die die beiden Namen der zu ändernden CSS-Klassen speichert. Die CSS-Klassen wählen wir per if- und else-Anweisung. Der Wert von zuSetzendeKlasse ist ein leerer String. Er wird gefüllt, sobald die beiden Anweisungen starten. Wenn sichtbarPerson zutrifft, bekommt die Variable zuSetzendeKlasse die CSS-Klasse „sichtbar". Trifft sichtbarPerson nicht zu, ändert die else-Anweisung die zuSetzendeKlasse-Variable auf „versteckt".

Nun sollen die sechs Personen-<div>-Tags über eine Schleife gezählt werden. Wenn die Schleife die <div>-Tags zählt, gibt sie jedem den Wert der Variablen zuSetzendeKlasse. Das passiert über die Methode className. Damit kannst du in JavaScript einem HTML-Element eine CSS-Klasse zuweisen.

Die komplette Funktion sieht so aus:

```
function zeigePerson() {
  var spielFeld = document.getElementById("spielFeld");
  var zuSetzendeKlasse = "";
  if(sichtbarPerson) {
    zuSetzendeKlasse = "person sichtbar";
  }
  else {
    zuSetzendeKlasse = "person versteckt";
  }
  for(var index = 0; index < 6; index ++) {
    spielFeld.children[index].className = zuSetzendeKlasse;
  }
}
```

Variable

Variable

Leerer String

id-Attribut

if-Anweisung

CSS-Klassenname

CSS-Klassenname

else-Anweisung

Schleife

Klassennamemethode

Gemerkt?

In der Variable namens index haben wir in der Schleife mehr als eine Info gespeichert. Diese Art Variable heißt Collection. Um einen Wert aus der Collection im Code zu nutzen, brauchen wir eckige Klammern ([ ]).

CODE-WÖRTER

Ein leerer String sind Daten in Form einer Zeichenfolge, die den Wert 0 hat. Bei JavaScript wird ein leerer String so dargestellt: " ".

11. Bedingungsanweisung vereinfachen

Weil die Funktion kompliziert wirkt, wollen wir sie vereinfachen. Mit einem weiteren JavaScript-Operator (?) kannst du die if- und else-Anweisungen vereinfachen. Diesen Bedingungsoperator (?) nutzt du so:

Bedingungsoperator

```
var VariablenName = Bedingung ? Wert1 : Wert2;
```

Dadurch weiß der Browser: Trifft die Bedingung für die Variable zu, nehme ich Wert1, ansonsten Wert2. Nun schreiben wir die Funktion um:

Bedingungsoperator | CSS-Klassenname | CSS-Klassenname

```
var zuSetzendeKlasse = sichtbarPerson ? "person sichtbar" : "person versteckt";
```

Übertrage die zeigePerson-Funktion mit den vereinfachten if- und else-Anweisungen in das <script>. Die spielSchleife-Funktion soll diese neue Funktion nun aufrufen. Speichere den Code und öffne die Seite im Browser. Alle drei Sekunden erscheinen die blauen Kästen und verschwinden wieder.

Prüfe deinen Code im Textprogramm. Der Code für dein Spiel muss wie im folgenden Block aussehen. Nach jeder Spielrunde musst du die Seite aktualisieren. Führe die nötigen Änderungen durch und speichere die Datei.

```
<!DOCTYPE html>
<html>
<head>
  <title>Sicherheitsspiel</title>
  <style>
    #spielFeld {
      border: 1px solid black;
      background-color: gray;
      height: 350px;
      width: 650px;
    }
    .person {
      background-color: lightblue;
      width: 120px;
      height: 120px;
      padding: 10px;
      margin: 10px;
      float: left;
    }
    .versteckt {
      display: none;
    }
    .sichtbar {
      display: block;
    }
  </style>
</head>
```

```
<body>
  <input type="button" value="Spielen" onclick="startSpiel()";/>
  <div id="spielFeld">
    <div class="person">1</div>
    <div class="person">2</div>
    <div class="person">3</div>
    <div class="person">4</div>
    <div class="person">5</div>
    <div class="person">6</div>
  </div>
  <script>
    function startSpiel() {
      spielSchleife();
    }
    var Schleifen = 0;
    var sichtbarPerson = false;
    function spielSchleife() {
      sichtbarPerson = !sichtbarPerson;
      zeigePerson();
      Schleifen++;
      if(Schleifen < 12) {
        setTimeout(spielSchleife, 3000);
      }
      else {
        alert("Spiel vorbei!");
      }
    }
    function zeigePerson() {
      var spielFeld = document.getElementById("spielFeld");
      var zuSetzendeKlasse = sichtbarPerson ? "person sichtbar" : "person versteckt";
      for(var index = 0; index < 6; index ++) {
        spielFeld.children[index].className = zuSetzendeKlasse;
      }
    }
  </script>
</body>
</html>
```

Funktionsaufruf

Vereinfachte if-Anweisung

12. Den Dieb erstellen

Momentan blitzen die Personen alle drei Sekunden auf dem Bildschirm auf. Wir müssen nun die Position der Personen ändern, wenn die Spielschleife gestartet wird. Alle drei Sekunden sollen die Personen auf dem Spielfeld an anderer Stelle erscheinen.
Und eine der Personen soll nun zum Dieb werden.

Zuerst fügen wir eine Funktion ein, die bei Spielstart eine neue Gruppe Personen an verschiedenen Positionen erstellt. Diese Funktion soll erstellePerson heißen. Füge den Funktionsaufruf dafür in die Funktion spielSchleife ein:

```
function spielSchleife() {
  sichtbarPerson = !sichtbarPerson;
  erstellePerson();
  zeigePerson();
  Schleifen++;
  if(Schleifen < 12) {
    setTimeout(spielSchleife, 3000);
  }
  else {
    alert("Spiel vorbei!");
  }
}
```

Funktionsaufruf

Dann schreibe die neue erstellePerson-Funktion vor die zeigePerson-Funktion:

```
function erstellePerson() {
  var spielFeld = document.getElementById("spielFeld");
  for(var index = 0; index < 6; index ++) {
    spielFeld.children[index].innerHTML = "Gast";
  }
}
```

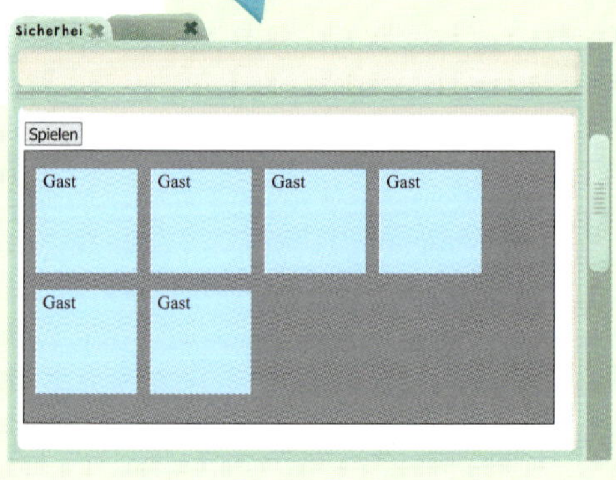

Diese Funktion ähnelt sehr der, mit der wir jeder Person-<div> die CSS-Klasse zuweisen. Aber diesmal haben wir innerHTML genommen (wie in Mission 3), um den Wert der Personen auf „Gast" zu setzen.

Speichere die Datei und aktualisiere die Seite. Wenn du jetzt *Spielen* anklickst, siehst du, dass auf allen Personen-<div>-Tags „Gast" angezeigt wird.

Nun ergänzen wir die Funktion erstellePerson so, dass zufällig eine der sechs Personen-<div>-Tags zum Dieb wird, sobald die Spielschleife gestartet wird. Der Code dafür soll mit einer Zufallszahl arbeiten. Mit JavaScript ist es nicht einfach, eine Zufallszahl zu wählen, darum wird der Code recht kompliziert. Tippe diesen neuen Code sorgfältig ans Ende der erstellePerson-Funktion:

```
function erstellePerson() {
  var spielFeld = document.getElementById("spielFeld");
  for(var index = 0; index < 6; index ++) {
      spielFeld.children[index].innerHTML = "Gast";
  }
  var ZufallsZahl = Math.floor(Math.random() * 6) + 1;
  spielFeld.children[ZufallsZahl-1].innerHTML = "Dieb";
}
```

Math-API

Hier verwenden wir die neue Math-API. Sie funktioniert genauso wie das DOM und localStorage aus Mission 3. Mit der Math-API kannst du praktische Mathefunktionen im Browser einsetzen. Für eine Zufallszahl musst du Folgendes berechnen:

```
Math.floor(Math.random() * GROESSTE_ZAHL) + KLEINSTE_ZAHL;
```

Unser Spiel enthält sechs Personen, also ist die größte Zahl 6 und die kleinste 1. Du schreibst nun Folgendes:

```
Math.floor(Math.random() * 6) + 1;
```

Dann speichern wir das Ergebnis in einer Variablen. Diese Variable können wir in der nächsten Codezeile verwenden. Mit innerHTML wird der Wert eines <div>s auf die Zufallszahl gesetzt:

```
spielFeld.children[ZufallsZahl-1].innerHTML = "Dieb";
```

Weil das Zählen bei JavaScript bei 0 beginnt, ziehen wir von der Zufallszahl 1 ab, sodass wir stets nur die Zahlen 0, 1, 2, 3, 4 und 5 bekommen.

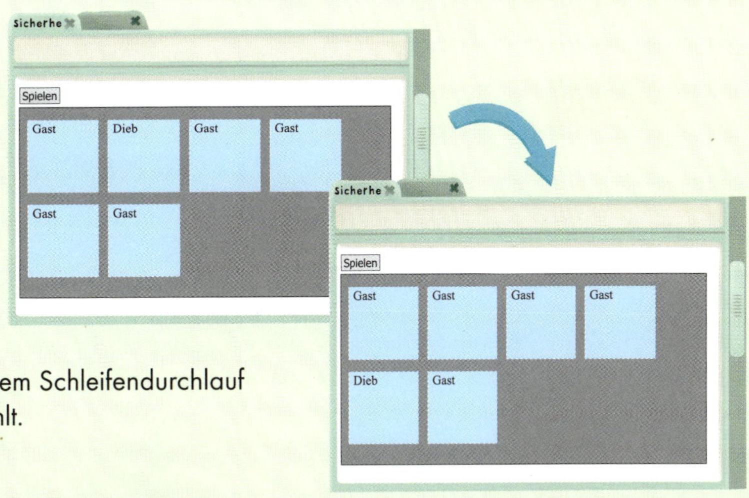

Speichere den Code. Die neue erstellePerson-Funktion fügt einen Dieb ins Spiel ein. Klickst du nun auf *Spielen*, wird bei jedem Schleifendurchlauf eine Person zufällig als Dieb ausgewählt.

13. Punktestand erstellen

Jetzt sehen wir auf dem Spielfeld alle drei Sekunden eine neue Gruppe Personen. Eine Person ist der Dieb, den der Spieler vom Sicherheitsteam fangen soll. Nun muss er auch auf den vermeintlichen Dieb klicken können. Tut er das und es ist tatsächlich der Dieb, bekommt er einen Punkt. Zuerst fügen wir dafür eine Variable namens punktStand ein. Sie kommt unterhalb von startSpiel oben in den <script>-Block:

```
var Schleifen = 0;
var sichtbarPerson = false;
var PunktStand = 0;
```

Sobald der Spieler auf den Dieb klickt, bekommt er einen Punkt. Und damit er auch aufpasst, verliert er zwei Punkte, sobald er auf einen Gast klickt. Für das Punktesystem bekommt jede Person einen onclick, sobald die Spielschleife gestartet wird. Füge diesen Code in die Funktion erstellePerson ein:

```
function erstellePerson() {
  var spielFeld = document.getElementById("spielFeld");
  for(var index = 0; index < 6; index ++) {
    spielFeld.children[index].innerHTML = "Gast";
    spielFeld.children[index].onclick = function() {
      PunktStand += -2;
    }
  }
  var ZufallsZahl = Math.floor(Math.random() * 6) + 1;
    spielFeld.children[ZufallsZahl-1].innerHTML = "Dieb";
    spielFeld.children[ZufallsZahl-1].onclick = function() {
      PunktStand++;
    }
}
```

Variable – Operator – onclick-Attribut

Variable – Operator – onclick-Attribut

Das onclick setzen wir genauso wie in Mission 3 ein. Beim Erstellen eines Gastes oder Diebes wird ein onclick eingefügt. Mit zwei neuen arithmetischen Operatoren ändern wir den Wert der PunktStand-Variablen. Klickt der Spieler auf einen Gast, wird durch den +=-Operator der folgende Wert zum Wert in der Variablen addiert. Weil es sich in diesem Fall um -2 handelt, wird vom Wert PunktStand 2 abgezogen. Beim Klick auf einen Dieb erhöht der Inkrementoperator (++) den Variablenwert um 1.

Die Alert-Nachricht muss auch geändert werden, damit der Spieler am Ende seinen Punktestand kennt. Ändere die else-Anweisung in der spielSchleife-Funktion, damit sie den Wert von PunktStand nimmt:

```
function spielSchleife() {
  sichtbarPerson = !sichtbarPerson;
  erstellePerson();
  zeigePerson();
  Schleifen++;
  if(Schleifen < 12) {
    setTimeout(spielSchleife, 3000);
  }
  else {
    alert("Deine Punkte: " + PunktStand);
  }
}
```

Variable

Gemerkt?

Am Ende vom Alert-Text setzen wir ein Leerzeichen, damit er korrekt mit dem PunktStand-Wert angezeigt wird.

Speichere die Datei und aktualisiere die Seite. Klicke nun auf den Dieb, sobald er erscheint. Schau, wie viele Punkte du am Ende des Spiels bekommst. Denk daran, dass du nach jedem beendeten Spiel die Seite aktualisieren musst.

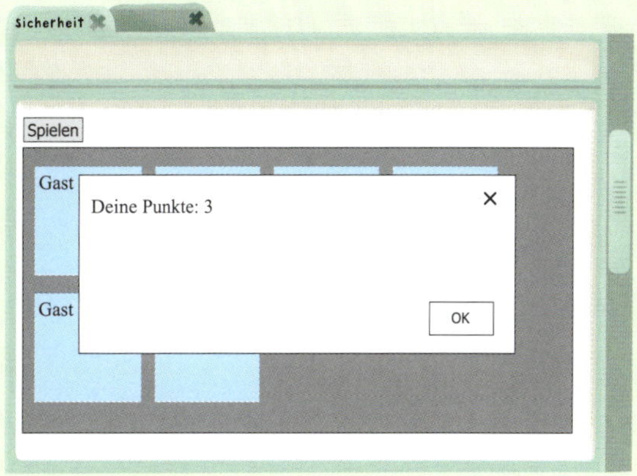

14. Code vereinfachen

Das Spiel funktioniert, und das Sicherheitsteam kann bald mit dem Training anfangen. Doch vielleicht hast du gemerkt, dass die Funktionen erstellePerson und zeigePerson sehr ähnlich sind. Eine erstellt die Personen, die andere weist eine CSS-Klasse zu. Damit der Code einfacher wird, kombinieren wir die beiden. Alle Programmierer versuchen, ihren Code möglichst einfach zu halten, denn dadurch wird er auch leichter zu verstehen.

Wir sollten die Funktion erstellePerson so ändern, dass sie die CSS-Klasse einfügt und auch die Person erstellt. Ändere die Funktion wie folgt ab:

```
function erstellePerson() {
  var spielFeld = document.getElementById("spielFeld");
  var zuSetzendeKlasse = sichtbarPerson ? "person sichtbar" : "person versteckt";
  for(var index = 0; index < 6; index ++) {
    spielFeld.children[index].className = zuSetzendeKlasse;
    spielFeld.children[index].innerHTML = "Gast";
    spielFeld.children[index].onclick = function() {
      PunktStand += -2;
    }
  }
  var ZufallsZahl = Math.floor(Math.random() * 6) + 1;
  spielFeld.children[ZufallsZahl-1].innerHTML = "Dieb";
  spielFeld.children[ZufallsZahl-1].onclick = function() {
    PunktStand++;
  }
}
```

Eingefügte CSS-Klassen

Diese Funktion macht nun alles. Bei jedem Start der Spielschleife wählt sie die korrekte CSS-Klasse, erstellt die Personen und setzt dann den onclick für alle. Die Funktion zeigePerson ist nicht mehr nötig und kann gelöscht werden. Lösche auch den Aufruf in der spielSchleife-Funktion, damit der Code so aussieht:

```
function spielSchleife() {
  sichtbarPerson = !sichtbarPerson;
  erstellePerson();
  Schleifen++;
  if(Schleifen < 12) {
    setTimeout(spielSchleife, 3000);
  }
  else {
    alert("Deine Punkte: " + PunktStand);
  }
}
```

Funktionsaufruf für zeigePerson entfernt

Speichere den Code. Dein Spiel funktioniert genauso wie vorher.

15. Spiel mit CSS gestalten

Nun funktioniert die Grundstruktur des Spiels, aber es sieht noch sehr langweilig aus. Mit den CSS-Skills aus Mission 1 verschönern wir es. Zuerst soll der Dieb auf dem Bildschirm markanter wirken. Dafür schreiben wir in den <style>-Block eine neue CSS-Klasse namens dieb:

```
.person {
    background-color: lightblue;
    width: 120px;
    height: 120px;
    padding: 10px;
    margin: 10px;
    float: left;
}
.dieb {
    background-color: red;
}
```

Dann wenden wir diese CSS-Klasse auf JavaScript an. Jeder eingefügte Dieb braucht diese neue Klasse. Dafür ändern wir den Code folgendermaßen:

```
var ZufallsZahl = Math.floor(Math.random() * 6) + 1;
spielFeld.children[ZufallsZahl-1].innerHTML = "Dieb";
spielFeld.children[ZufallsZahl-1].onclick = function() {
  PunktStand++;
}
spielFeld.children[ZufallsZahl-1].className = zuSetzendeKlasse + " dieb";
```

Nach dem Starten der Spiel-Schleife macht die CSS-Klasse „dieb" das Dieb-<div> rot. Speichere die HTML-Datei. Der Dieb sieht nun anders aus als der Gast.

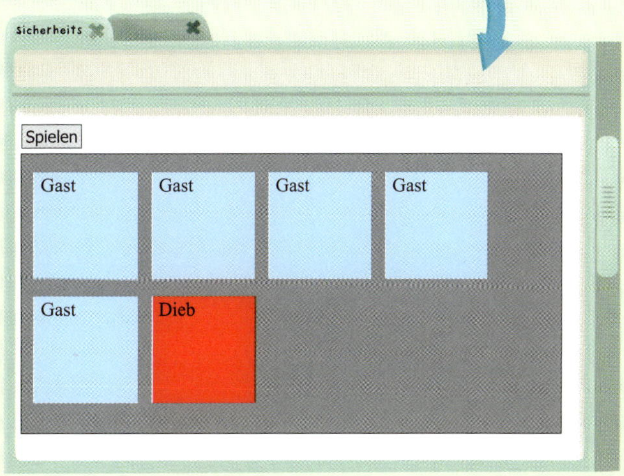

Gemerkt?

Im Code " dieb" gibt es ein Leerzeichen. Darauf musst du achten, denn wir nutzen zwei CSS-Klassennamen: die über die Variable zuSetzendeKlasse gewählte CSS-Klasse (sichtbar oder versteckt) und die CSS-Klasse dieb. Ohne Leerzeichen stünde da „versteckdieb".

16. Bilder für die Personen

Wenn die <div>-Tags für die Personen interessanter sein sollen, brauchen wir neue CSS-Eigenschaften. Sie sind recht einfach und funktionieren genauso wie die aus Mission 1.

Um die beiden Bilder speichern zu können, suche nach folgenden Links: http://getcodingkids.com/wp-content/uploads/2016/05/Thief.jpg und http://getcodingkids.com/wp-content/uploads/2016/05/Guest.jpg

Gast Dieb

Speichere sie mit den anderen HTML-Dateien im Ordner **Coding** auf dem Desktop. Das kennst du aus Mission 1 (auf den Seiten 28–30 mehr darüber).

Nun ändern wir die CSS-Klassen im <style>-Block. Dafür nehmen wir die beiden CSS-Eigenschaften background und background-size.

CSS-Eigenschaft	Was sie bewirkt	Beispielwerte
background	Gibt das Hintergrundbild eines HTML-Elements an	url('image.jpg'); none;
background-size	Bestimmt die Größe des Hintergrundbildes eines HTML-Elements	cover; 650px;

Wir setzen sie in den beiden CSS-Klassen für Personen und Dieb wie folgt ein:

```
.person {
  background: url('guest.jpg');
  background-size: cover;
  width: 120px;
  height: 120px;
  padding: 10px;
  margin: 10px;
  float: left;
}
.dieb {
  background: url('thief.jpg');
  background-size: cover;
}
```

background-Eigenschaft

background-size-Eigenschaft

Durch die Eigenschaft background nimmt der Browser gespeicherte Bilder als Hintergrund für die <div>-Tags. Durch background-size sorgt er dafür, dass die Bilddatei groß genug wird, um den gesamten Hintergrund aller <div>s auszufüllen.

Speichere die HTML-Datei und schau dir die neuen CSS-Eigenschaften in deinem Spiel an.

Wir haben die Bilder als Hintergrund in den <div>-Tags der Personen, aber „Gast" und „Dieb" brauchen wir nicht mehr. Wir wollen es dem Sicherheitsteam nicht zu einfach machen. Entferne den Text und ändere diese beiden Zeilen im <script>-Block:

```
spielFeld.children[index].innerHTML = "Gast";
```

```
spielFeld.children[ZufallsZahl-1].innerHTML = "Dieb";
```

Der String soll leer sein - siehe hier:

```
spielFeld.children[index].innerHTML = "";
```

```
spielFeld.children[ZufallsZahl-1].innerHTML = "";
```

Speichere die HTML-Datei. Nun besteht das Spiel nur aus Bildern.

17. Spielfeld ändern

Nachdem wir die CSS-Eigenschaften background und background-size kennen, können wir für das Spielfeld den grauen Hintergrund einfach zu einem Bild ändern. Lade diesen Hintergrund herunter: http://getcodingkids.com/wp-content/uploads/2016/05/GameBackground.jpg. Speichere ihn im Ordner **Coding**.

Nun müssen wir nur noch die neuen Eigenschaften background und background-size in die CSS-Klasse spielFeld im `<style>`-Block einfügen. Vergiss nicht, die CSS-Klasse background-color zu löschen – sie wird nicht mehr benötigt. Dies ist der Code:

```
#spielFeld {
  background: url('background.jpg');
  background-size: cover;
  border: 1px solid black;
  height: 350px;
  width: 650px;
}
```

Du solltest auch darauf achten, dass im Browser bei Spielstart nur das Spielfeld sichtbar ist. Wenn du dann auf Spielen klickst, erscheinen die Personen. Dafür musst du im `<style>`-Block in der CSS-Klasse person die CSS-Eigenschaft display einfügen:

```
.person {
  background: url('guest.jpg');
  background-size: cover;
  width: 120px;
  height: 120px;
  padding: 10px;
  margin: 10px;
  float: left;
  display: none;
}
```

Speichere die HTML-Datei. Beim Laden des Spiels siehst du den neuen Hintergrund für das Spielfeld. Wenn du auf *Spielen* klickst, werden die Personen geladen, und das Spiel beginnt.

Start-Ansicht

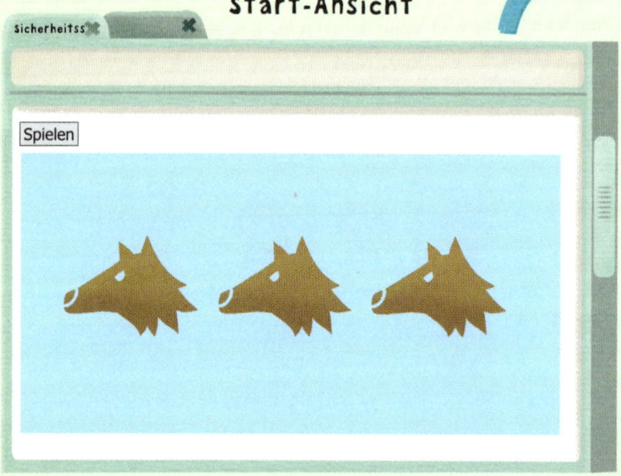

Spiel-Ansicht

5

18. Schwierigkeitsgrad steigern

Du wirst feststellen, dass es einfach ist, in drei Sekunden auf den Dieb zu klicken. Damit das Spiel eine größere Herausforderung wird, muss es schneller werden. Die Personen sollten deutlich schneller erscheinen, damit weniger Zeit bleibt, den Dieb anzuklicken. Dafür änderst du den setTimeout-Aufruf so:

```
setTimeout(spielSchleife, sichtbarPerson ? 1000 : 3000);
```

Dazu eine vereinfachte if-Anweisung: Wir ändern den setTimeout-Aufruf, damit die Spielschleife-Funktion nach einer Sekunde aufgerufen wird, wenn sichtbarPerson true ist. Wenn sichtbarPerson false ist, wird die Funktion spielSchleife in drei Sekunden aufgerufen. Also werden die Personen nur eine Sekunde aufgedeckt, aber wenn sie unsichtbar sind, werden sie drei Sekunden verdeckt.

Speichere den Code und spiele ein Spiel durch. Schaffst du 6 Punkte?

Mission 5

DEINE AUFGABE
EIN FERTIGES SPIEL

Es ist nicht leicht, ein Spiel zu programmieren, aber du hast es geschafft. Der Professor ist begeistert, wie das Spiel die Reaktionszeit des Teams verbessert.

Spiel fürs Sicherheitstraining

Prüfe, ob du alles in der Datei **securitygame.html** programmiert und im Ordner **Coding** gespeichert hast. Du kannst das Tempo des Spiels auch anziehen und es dadurch für den Spieler erschweren.

- **Ein Spielfeld**
- **5 Gäste**
- **1 Dieb**
- **Ein Spielen-Button**
- **Ein Punkt-Alert**

```
<!DOCTYPE html>
<html>
<head>
  <title>Sicherheitsspiel</title>
  <style>
    #spielFeld {
      background: url('background.jpg');
      background-size: cover;
      border: 1px solid black;
      height: 350px;
      width: 650px;
    }
    .person {
      background: url('guest.jpg');
      background-size: cover;
      width: 120px;
      height: 120px;
      padding: 10px;
      margin: 10px;
      float: left;
      display: none;
    }
    .dieb {
      background: url('thief.jpg');
      background-size: cover;
    }
    .versteckt {
      display: none;
    }
    .sichtbar {
      display: block;
    }
  </style>
</head>
<body>
  <input type="button" value="Spielen" onclick="startSpiel()";/>
  <div id="spielFeld">
    <div class="person">1</div>
    <div class="person">2</div>
    <div class="person">3</div>
    <div class="person">4</div>
```

```
      <div class="person">5</div>
      <div class="person">6</div>
    </div>
    <script>
      function startSpiel() {
        spielSchleife();
      }
      var Schleifen = 0;
      var sichtbarPerson = false;
      var PunktStand = 0;
      function spielSchleife() {
        sichtbarPerson = !sichtbarPerson;
        erstellePerson();
        Schleifen++;
        if(Schleifen < 12) {
          setTimeout(spielSchleife, sichtbarPerson ? 1000 : 3000);
        }
        else {
          alert("Deine Punkte: " + PunktStand);
        }
      }
      function erstellePerson() {
        var spielFeld = document.getElementById("spielFeld");
        var zuSetzendeKlasse = sichtbarPerson ? "person sichtbar" : "person versteckt";
        for(var index = 0; index < 6; index ++) {
          spielFeld.children[index].className = zuSetzendeKlasse;
          spielFeld.children[index].innerHTML = "";
          spielFeld.children[index].onclick = function() {
            PunktStand += -2;
          }
        }
        var ZufallsZahl = Math.floor(Math.random() * 6) + 1;
        spielFeld.children[ZufallsZahl-1].innerHTML = "";
        spielFeld.children[ZufallsZahl-1].onclick = function() {
            PunktStand++;
        }
        spielFeld.children[ZufallsZahl-1].className = zuSetzendeKlasse + " dieb";
      }
    </script>
  </body>
</html>
```

DEINE CODE-SKILLS

Diese Mission war ein wichtiger Schritt, um zu lernen, wie Spiele in JavaScript programmiert werden. Dazu hast du eine Spielschleife genutzt, ein wesentlicher Teil fast aller Computerspiele, um deine Spieler interaktiv einzubinden. Das ist nicht ganz einfach, also Gratulation! Du kannst dein Wissen nun für kompliziertere Spiele nutzen, die auf verschiedene Weise auf die Spieler reagieren.

Mission 6

DEINE FERTIGE WEBSITE

- LERNE WIREFRAMES ZU BENUTZEN
- ERSTELLE EINE WEBSITE MIT HTML UND CSS
- VERLINKE DEINE WEBSEITEN
- BRINGE DIE WEBSITE ONLINE

Missionsauftrag

Lieber Coder,

du bist sicher sehr erfreut zu hören, dass die Sonderausstellung von Juwelier Volkov ein durchschlagender Erfolg war! Wir danken dir von Herzen für deine Hilfe und Mitarbeit! Als Herr Volkov den Mönchsdiamanten enthüllte, waren alle Gäste überwältigt. Es war der stolzeste Moment unserer Karriere.

Doch der Abend hatte auch dramatische Momente. Wie befürchtet, hatten die Gebrüder Bond vom Diamanten Wind bekommen. So kamen sie unerkannt als Gäste mit gefälschten Einladungen in die Ausstellung. Zum Glück bemerkte einer der Wachleute ihr verdächtiges Verhalten, als sie dicht bei der Vitrine des Diamanten standen. Herr Volkov reagierte sofort, und die Polizei kam gerade noch rechtzeitig. Dank dir sind die Gebrüder Bond nun hinter Gittern.

Die Meldung über den Diamanten verbreitete sich schnell und sorgte nicht nur in Moskau, sondern international für Aufsehen. Herr Volkov ist so erfreut, dass der Stein wieder nach Hause gekommen ist, dass er die Sonderausstellung für das allgemeine Publikum öffnen will. Da wir nun wissen, dass die Wachleute dem gewachsen sind, erwarten wir einen spektakulären Erfolg. Und wenn die Ausstellung in Moskau so einen Anklang findet, plant Herr Volkov eine weltweite Tournee damit. Vor dem Juwelierhaus Volkov liegt eine aufregende Zukunft.

Nur eines gibt es noch, und dafür brauchen wir noch einmal deine Unterstützung. Herr Volkov braucht eine Website (nicht nur eine Seite), die global über die Ausstellung informiert. Wir hoffen, dass wir ein letztes Mal mit dir rechnen dürfen! Vielleicht kannst du es auch einrichten, den Diamanten hier zu besichtigen, wer weiß? Wir würden dir so gerne persönlich danken!

Mit den allerherzlichsten Grüßen aus dem Juwelierhaus Volkov,
Prof. Bairstone, Dr. Ruby Day und Ernesto

PS: Im Anhang findest du den letzten Eintrag aus der Enzyklopädie der Entdecker von Prof. Bairstone und eine Notiz von Herrn Volkov.

ENZYKLOPÄDIE
DER ENTDECKER
Handbuch für Abenteurer

Homepage
Inhalt
Neueste Entdeckungen
Berühmte Abenteurer
Historische Expeditionen

Der Fund des Mönchsdiamanten

Aus der Enzyklopädie der Entdecker, dem Handbuch für Abenteurer

Dieser Eintrag behandelt den Fund des gestohlenen Juwels. Mehr dazu siehe hier.

Beim **Fund des Mönchsdiamanten** geht es um die Entdeckung des gestohlenen Mönchsdiamanten durch Professor Bairstone und Dr. Day in Sibirien. Prof. Bairstone hatte schon früh die Gebrüder Bond wegen des Diebstahls im Verdacht und vermutet, dass sie das Juwel fernab von Moskau, wo es Juwelier Volkov gestohlen wurde, versteckten.

VIKTOR VOLKOV

Juwelierhaus Volkov, Nähe Basilius-Kathedrale, Moskau

Lieber Coder,

ich danke dir von ganzem Herzen dafür, was du zu der Rückkehr des Mönchsdiamanten beigetragen hast. Ich war am Boden zerstört, als er gestohlen wurde. Zeitweise nahm ich an, ich müsste mein Geschäft verkaufen. Das Juwelierhaus wird schon seit Generationen durch meine Familie geführt. Aber dank dir, dem Professor, Dr. Day und Ernesto ist der Diamant nun zurückgekehrt. Ich bin höchst erfreut, die Ausstellung mit dem Juwel durchführen zu können.

Wie du weißt, war eine Belohnung auf den Diamanten oder den Fang der Bonds ausgesetzt. Der Professor und Dr. Day nutzen ihren Anteil für eine weitere gemeinsame Expedition. Auch auf dich wartet ein Geschenk, wenn du nach Moskau kommst, um dir den Diamanten anzusehen.

Mit den besten und herzlichsten Grüßen
VIKTOR VOLKOV

Professor Bairstone ist Forscher mit Leib und Seele und berühmt für den Fund vieler Artefakte in aller Welt. Auf seinen Expeditionen lässt er sich stets von seinem Hund Ernesto begleiten. Bevor er den Mönchsdiamanten fand, war seine berühmteste Entdeckung der Hoy-Schatz der Wikinger, den er auf den Orkney-Inseln Schottlands ausgrub.

Dr. Day studiert als Wissenschaftlerin Fossilien. Momentan forscht sie über eine bisher unbekannte Spezies gefiederter Dinosaurier. Sie nahm an verschiedenen Expeditionen teil.

Die Meldung, dass der Mönchsdiamant in Sibirien gefunden und Juwelier Volkov zurückgegeben wurde, sorgte weltweit für Schlagzeilen. Das Team wurde von zahlreichen TV-Sendern interviewt und in vielen Zeitungen und Zeitschriften vorgestellt. Professor Bairstone wurde zu Vorträgen über den Fund eingeladen. Im nächsten Jahr erscheint seine Biografie. Dr. Day wurde zur Bereichsleiterin an ihrer Universität ernannt.

Die Sonderausstellung in den Geschäftsräumen von Juwelier Volkov war ein großer Erfolg. Herr Volkov teilte den Reportern mit, er sei „überaus erfreut über die Rückkehr des Diamanten und die Resonanz der Ausstellung“.
Bis zu zwei Stunden musste man vor dem Juwelierladen anstehen, und die Edelsteinverkäufe verdoppelten sich.

EINE WEBSITE ERSTELLEN

In den letzten fünf Missionen hast du hervorragende Arbeit gemacht. Du kannst jetzt HTML, CSS und JavaScript schreiben und weißt, wie du mit APIs komplexere Programme machst. Du hast eine Webseite erstellt, dazu ein Passwort, eine webbasierte App geschrieben, eine Route geplant und ein Spiel erstellt. Nun noch die letzte Herausforderung: eine ganze Website.

Bisher waren alle von dir geschriebenen Seiten und Programme im Browser deines Computers gespeichert und konnten nur von Prof. Bairstone und Dr. Day benutzt werden. Nun sollst du lernen, wie du eine Website erstellst, die von jedem weltweit besucht werden kann.

Wie du hier vorgehst, ist nicht viel anders als die Webseite aus Mission 1. Immerhin ist eine Website bloß eine Gruppe vernetzter Webseiten. In dieser Mission werden wir aber trotzdem etwas anders vorgehen. Hier erstellen wir Webseiten anhand von sogenannten Wireframes (Drahtmodellen). In dieser Mission gibt es fünf Wireframes, und aus jeder erstellst du eine Webseite.

Wireframes

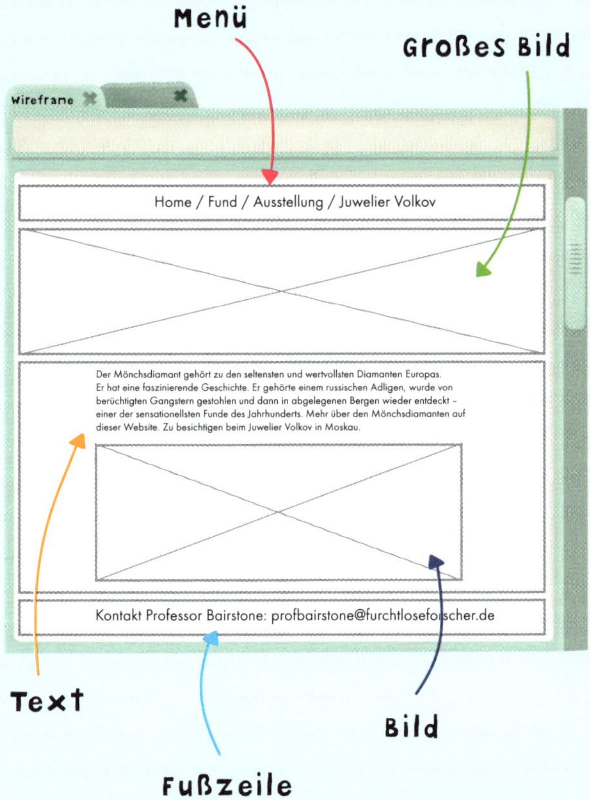

Wireframes sind sehr praktisch, um Inhalte und Layout einer Website zu planen, bevor du programmierst. Ein Wireframe ist bloß eine einfache Zeichnung wie rechts zu sehen, die verschiedene Elementen der Seite zeigt. Damit kannst du jede Webseite planen und wichtige Entscheidungen über die Struktur der Seite festlegen.

Mit Wireframes kannst du auch entscheiden, wie die User mit der Seite interagieren und sich innerhalb der Website von einer Seite zur anderen bewegen können. Wenn du mit den Wireframes zufrieden bist, beginnst du das Programmieren und nutzt sie als Plan, wo was programmiert werden soll.

In dieser Mission wird du eine Website aus fünf Seiten programmieren. Jede Seite ist verlinkt, und alle zusammen erzählen die spannende Geschichte des Diamanten. Für jede Seite der Mönchsdiamant-Website schauen wir uns ein mögliches Wireframe an.

Dies sind die fünf Seiten, aus denen wir die Mönchsdiamant-Website programmieren:

Webseite	Inhalt
index.html	Unsere Homepage, erklärt den Fund und die Ausstellung
diamond.html	Über die Geschichte des Diamanten inkl. Raub
discovery.html	Wie Prof. Bairstone und Dr. Day den Diamanten fanden
exhibition.html	Details der Ausstellung inkl. Öffnungszeiten
volkov.html	Wie man in Moskau zum Juwelier Volkov kommt

Im Laufe der Mission schauen wir uns für jede dieser Seiten ein Wireframe an. Dann kannst du jede Seite in deinem Textprogramm schreiben und nimmst dafür HTML, CSS und JavaScript, wie du es in den Missionen gelernt hast.

WEITERE CSS-EIGENSCHAFTEN

Aus Mission 1 weißt du, wie du mit CSS das Aussehen einer HTML-Webseite änderst. Bevor wir uns mit Wireframes beschäftigen, sollten wir uns noch einige CSS-Eigenschaften und -Werte anschauen.

Bilder verwenden

Wenn du Bilder auf deine Seite bringst, kannst du ihre Größe auf vielerlei Weise ändern. Am besten fügst du ein style-Attribut ins <img/>-Tag und gibst für die CSS-Eigenschaft width den Wert in Pixel (px) oder Prozent (%) an:

style-Attribut

Pixel

```
<img src="diamond.jpg" alt="Das Juwel" style="width: 150px"/>
```

```
<img src="ernest.jpg" alt="Hund" style="height: 50%"/>
```

Prozent

Dein Browser berechnet dann automatisch, wie hoch das Bild sein soll. Wenn das Seitenverhältnis des Bildes nicht proportional sein soll, kannst du im style-Attribut die beiden CSS-Eigenschaften width und height nehmen:

width-Eigenschaft

height-Eigenschaft

```
<img src="profB.jpg" alt="Forscher" style="width: 50px; height: 50px"/>
```

Ein <div> mit Bild ausfüllen

Ein interessantes Layout bekommst du mit <div>-Tags, die deine Seite in Abschnitte aufteilen. Wenn du ein Bild als Hintergrund für ein <div> nehmen und so ein Banner erstellen willst, nimmst du die CSS-Eigenschaften background und background-size (siehe Mission 5). Mit CSS-Eigenschaften kannst du die Bilder verschieden **skalieren**.

CSS-Eigenschaft	Was sie bewirkt	Beispielwerte
background	Gibt das Hintergrundbild eines HTML-Elements an	url(dateiname.jpg);
background-size	Bestimmt die Größe des Hintergrundbildes eines HTML-Elements	contain; cover; auto;

In Mission 5 hast du den Wert cover gemeinsam mit background-size verwendet. Mit cover wird das Hintergrundbild so skaliert, dass es das <div> komplett füllt. Ein Teil des Bildes kann auch **beschnitten** sein, damit es ins <div> passt.

Neben cover gibt es auch den Wert contain. Mit contain wird das Hintergrundbild so groß wie möglich, ohne dass es verzerrt wird. Abhängig von seiner Größe füllt es das <div> vielleicht nicht komplett. Ist das der Fall, wiederholt („kachelt") der Browser es.

Wenn du für background-size den Wert auto nimmst, wird das Bild ebenfalls so oft gekachelt, bis es das <div> ausfüllt.

```
<style>
  .team {
    width: 600px;
    height: 600px;
    background: url(team.jpg);
    background-size: contain;
  }
</style>
```

contain-Wert

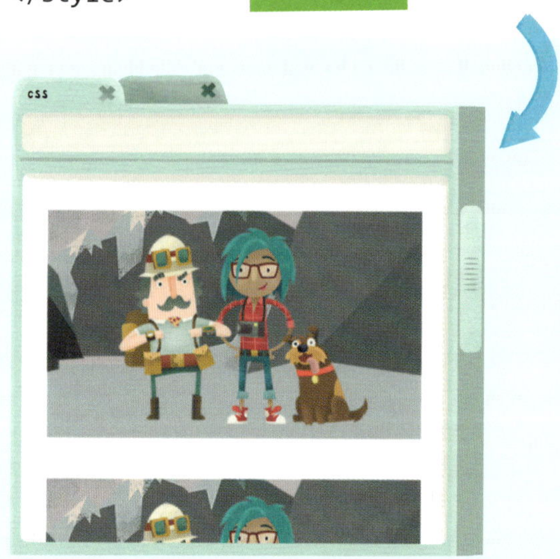

CODE-WÖRTER

Ein Bild skalieren bedeutet, es größer oder kleiner zu machen oder ihm andere Proportionen zu geben. Beim Beschneiden trennt man Bildteile ab und verkleinert es.

Text und Bilder ausrichten

Du kannst Bilder und Text auf zwei einfache Weisen ausrichten (siehe Mission 1). Das geht einmal mit der CSS-Eigenschaft text-align für das <div> mit Text und Bild darin. Oder du schreibst float in ein style-Attribut im <img/>-Tag:

float-Eigenschaft

```
<img src="team.jpg" alt="Das Team" style="float: right;"/>
```

Mehr CSS-Farbwerte

Bisher hast du Farbnamen als Werte für die CSS-Eigenschaften genommen. Standardmäßig unterstützt der Browser etwa 140 Farbnamen. Neben diesen Namen kannst du über HEX-Zahlen auch eigene Farben erstellen. Einen HEX-Code setzt du genauso ein wie einen Farbnamen. Das sieht dann so aus:

HEX-Code

```
<body>
  <div style="background-color: #0BFF54;">
    Professor Bairstone, Dr. Day und Ernesto waren auf Expedition.
  </div>
</body>
```

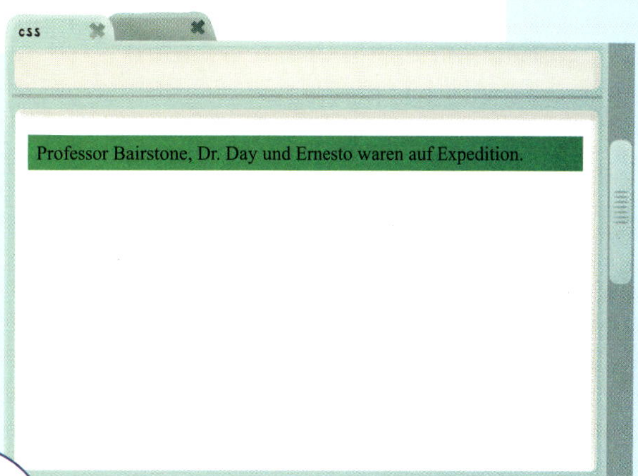

Zum Glück brauchst du HEX-Codes nicht auswendig zu lernen. Auf vielen Websites findest du Infos darüber. Du kannst deine eigenen Farben und HEX-Codes mit dem Farbrad unter https://color.adobe.com/de/ erstellen. Kopiere einfach den HEX-Wert von der Seite in deinen Code und denk dran, dass vor dem Code immer eine Raute (#) stehen muss.

1. Die Homepage

Die Homepage (**index.html**) ist die wichtigste Seite deiner Website, denn diese sieht der User zuerst. Eine gute Homepage verdeutlicht den Zweck der Website und regt das Interesse an. Es sollte klar sein, dass es sich nur um die Startseite handelt und der User noch andere Seiten erforschen kann.

Unsere Homepage soll ein großes Bild vom Mönchsdiamanten als Banner bekommen. Wir können dem Banner auch einen Titel geben. In einer Menüleiste sollen Links zu allen anderen Seiten erscheinen. Wir brauchen Text, der die Entdeckung des Mönchsdiamanten erklärt. Unter dem Text soll ein Button zur Seite von Juwelier Volkov verlinken. Unten stehen in einer Fußzeile (Footer) Kontaktdetails des Professors. Schauen wir uns ein Wireframe dafür an:

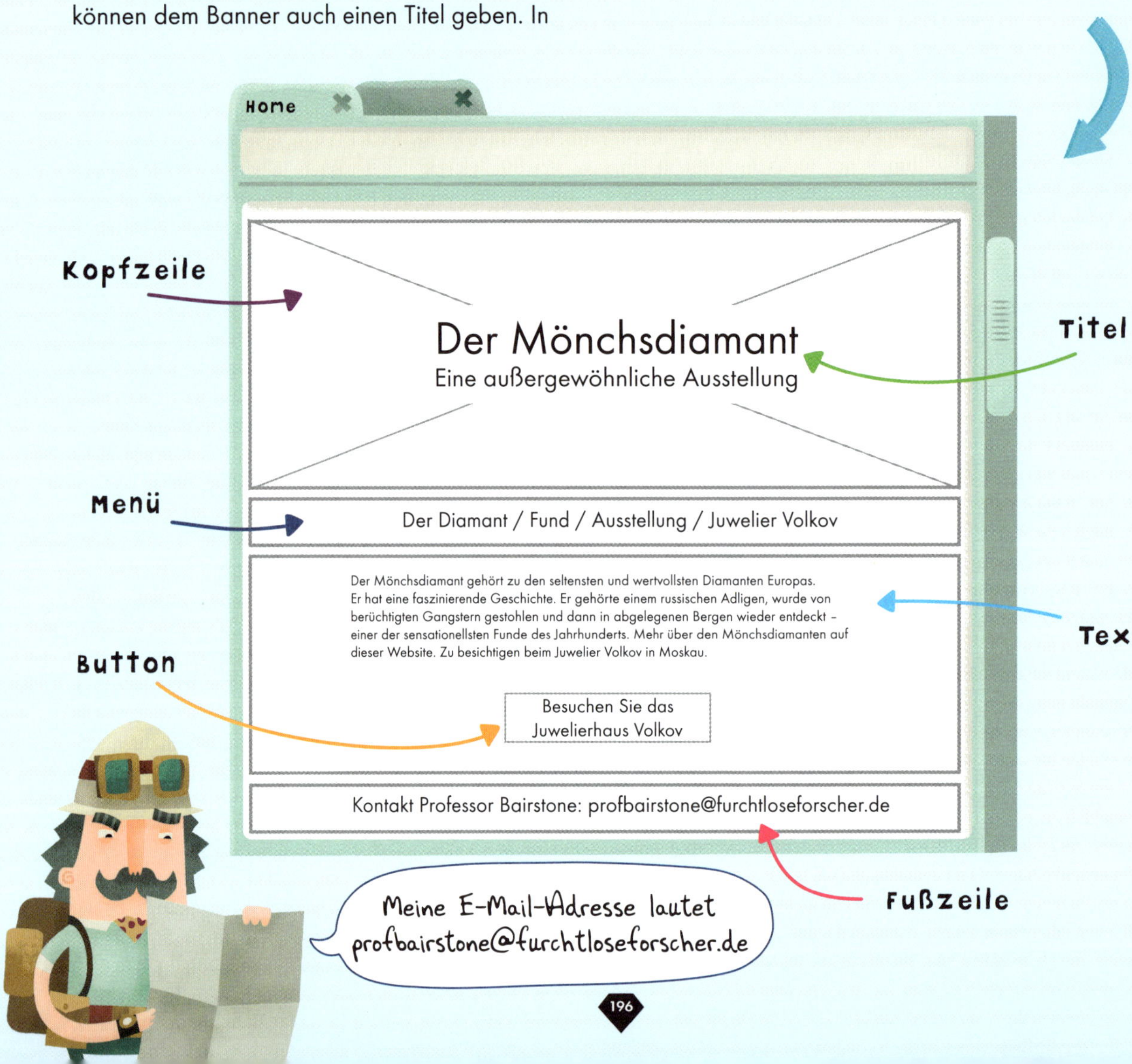

Schreibe diese Seite mit dem Wissen über HTML/CSS aus deinen früheren Missionen.

Kopfzeile

- Im <style>-Block erstellst du eine CSS-Klasse mit 100% für width, 400px für height und padding mit 0px. Füge mit den CSS-Eigenschaften background und background-size ein Bild ein.
- Wende diese CSS-Klasse auf ein <div> im <body> der Seite an.
- Schreibe ins <div> den Text für den Titel. Ändere über ein style-Attribut die CSS-Eigenschaften font-size und color.

Menü

- Erstelle ein zweites <div> im <body> der Seite. Schreibe in das <div>-Tag ein style-Attribut und gib die CSS-Eigenschaften width, padding und background-color an.
- Füge über das Anker-Tag <a> und das href-Attribut vier Links ein.
- Du kannst auch einen <div> für jeden Link erstellen und sie nebeneinander „floaten".

Text

- Erstelle ein drittes <div>, bei dem das style-Attribut auf 100% width und padding auf 50px gesetzt ist.
- Schreibe den Text und unterteile ihn mit den Tags <p> und <br/> in Abschnitte.

Button

- Erstelle einen Button über einen Link in einem <div>. Mit einem style-Attribut und den CSS-Eigenschaften width, height, padding und background-color lässt du ihn wie einen Button aussehen.

Fußzeile

- Erstelle ein letztes <div> und setze darin das style-Attribut für width auf 100%.
- Schreibe die Kontaktinfos des Professors in dieses <div>.

Nachdem du die Seite fertig programmiert hast, speichere die HTML-Seite im Ordner **Coding**. Nenne die Datei **index.html**.

2. Die Seite über den Diamanten

Die Diamant-Seite (**diamond.html**) ist die zweite Seite und stellt dem User die faszinierende Geschichte des Mönchsdiamanten vor. Schauen wir uns das Wireframe für diese Seite an:

Menü

- Erstelle im <body> der Seite ein <div>. Schreibe in das <div>-Tag ein style-Attribut und gib die CSS-Eigenschaften width, padding und background-color an. Füge über das Anker-Tag <a> und das href-Attribut vier Links ein.
- Du kannst auch einen <div> für jeden Link erstellen und sie nebeneinander „floaten".

Großes Bild

- Im <style>-Block erstellst du eine CSS-Klasse mit 100% für width, 200px für height und padding mit 0px. Füge mit den CSS-Eigenschaften background und background-size ein Bild ein. Wende diese CSS-Klasse auf ein zweites <div> im <body> an.

Text

- Erstelle ein drittes <div>, bei dem das style-Attribut auf 100% width und padding auf 50px gesetzt ist. Schreibe den Text und unterteile ihn mit den Tags <p> und <br/> in Abschnitte.

Bild

- Füge ins <div> ein Bild ein. Zentriere es durch das style-Attribut und die CSS-Eigenschaften width, height und text-align.

Fußzeile

- Gib die Gleiche an wie auf der Homepage.

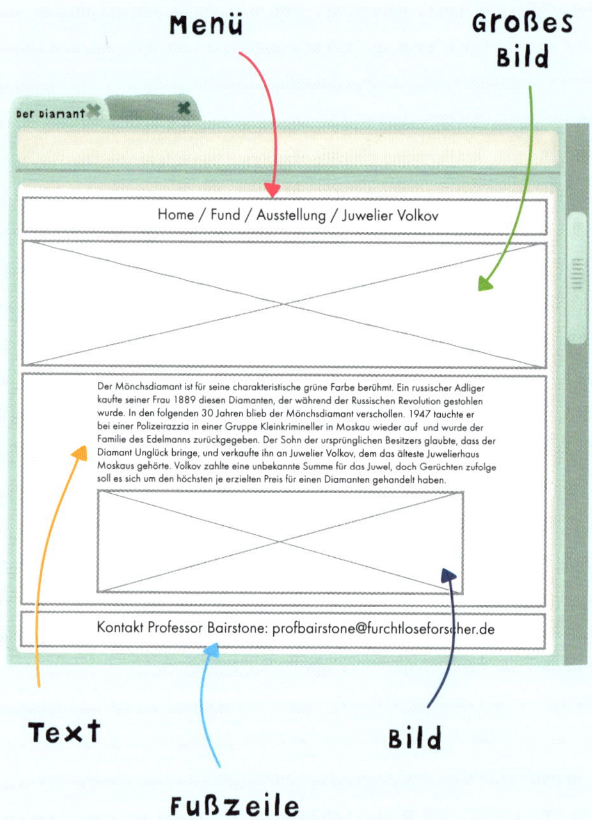

Nachdem du die Seite fertig programmiert hast, speichere die HTML-Seite im Ordner **Coding**. Nenne die Datei **diamond.html**.

3. Die Seite für den Fund

Die Seite für den Fund (**discovery.html**) ist die dritte und berichtet, wie der Professor und Dr. Day den Mönchsdiamanten gefunden haben. Dafür erstellen wir ein Wireframe mit einem etwas anderen Layout:

Menü

- Die Menüleiste sollte genauso aussehen wie die auf der Diamant-Seite. Aktualisiere die Links.

Großes Bild

- Im `<style>`-Block erstellst du eine CSS-Klasse mit 100% für width, 200px für height und padding mit 0px. Füge mit den CSS-Eigenschaften background und background-size ein Bild ein.
  Wende diese CSS-Klasse auf ein zweites `<div>` im `<body>` an.

Textspalte

- Erstelle ein `<div>` mit einem style-Attribut, 80% width und 50 px padding. Schreibe den Text und unterteile ihn mit den Tags `<p>` und `<br/>` in Abschnitte.

Bildspalte

- Erstelle ein weiteres `<div>` und setze über das style-Attribut die Eigenschaft width auf 20%. Positioniere dieses `<div>` rechts von dem `<div>` mit deinem Text.
- Füge ins `<div>` ein Bild ein. Zentriere es durch das style-Attribut und die CSS-Eigenschaften width, height und text-align.

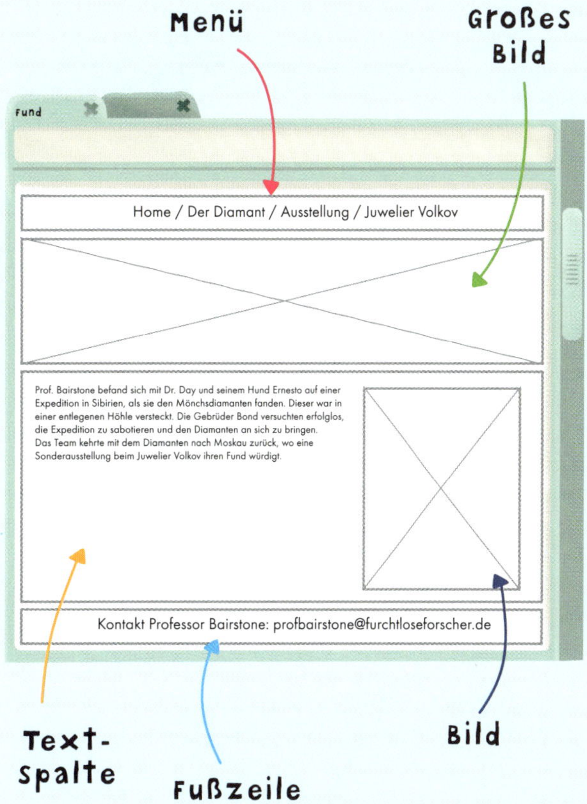

Fußzeile

- Gib die Gleiche an wie auf der Homepage.

Nachdem du die Seite fertig programmiert hast, speichere die HTML-Seite im Ordner **Coding**. Nenne die Datei **discovery.html**.

4. Die Seite für die Ausstellung

Die Ausstellungsseite (**exhibition.html**) enthält Details über die Volkov-Ausstellung. Weil sie wichtig sind, muss das Layout einfach sein, damit alles gut zu sehen und verständlich ist. Hier ist das Wireframe:

Menü

- Dieses Menü soll genauso aussehen wie das auf den Seiten über den Diamanten und den Fund. Aktualisiere die Links.

Großes Bild

- Das Bild ist das Gleiche wie wie auf den Seiten über den Diamanten und den Fund.

Text

- Erstelle ein <div> für jeden Infoabschnitt.
- Du kannst Text mit dem style-Attribut einrücken, indem du die CSS-Eigenschaft margin auf 10px setzt.

Fußzeile

- Gib die Gleiche an wie auf der Homepage.

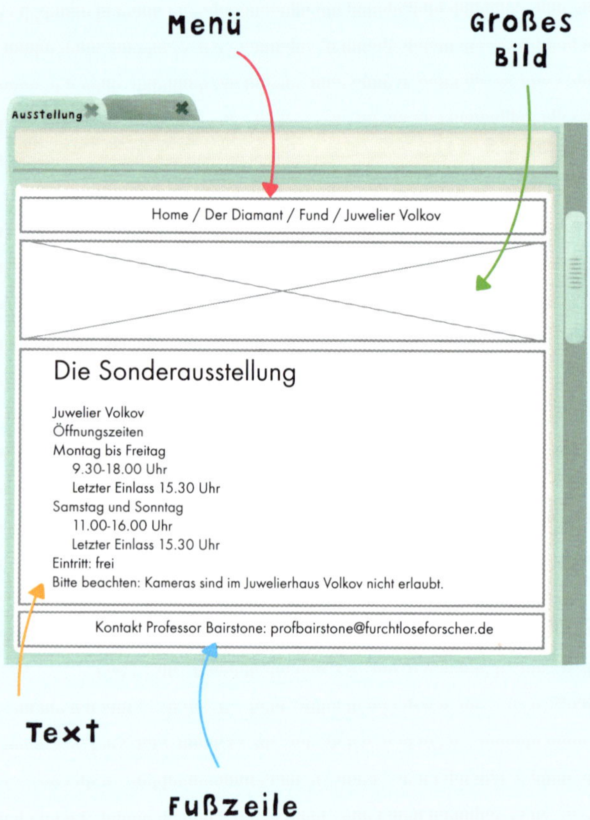

Nachdem du die Seite fertig programmiert hast, speichere die HTML-Seite im Ordner **Coding**. Nenne die Datei **exhibition.html**.

5. Die Seite fürs Juwelierhaus Volkov

Für die letzte Seite (**volkov.html**) geben wir die Route zum Juwelier Volkov an. Neben der Adresse betten wir über die Google Maps Embed API (siehe Mission 4) eine Karte ein. Hier ist das Wireframe:

Menü

- Diese Menüleiste sollte genauso sein wie die auf den Seiten über den Diamant, den Fund und die Ausstellung. Aktualisiere die Links.

Großes Bild

- Es ist das Gleiche wie bei den Seiten über Diamant, Fund und Ausstellung.

Textspalte

- Erstelle ein <div> mit einem style-Attribut, 80% width und 50 px padding. Schreibe den Text und unterteile ihn mit den Tags <p> und <br/> in Abschnitte.

Kartenspalte

- Erstelle ein weiteres <div> und setze über das style-Attribut die Eigenschaft width auf 20%. Positioniere dieses <div> rechts von dem <div> mit deinem Text.
- Schreibe ein <iframe> mit Attributen für width, height und border, dann noch ein source-Attribut mit der URL zur Google Maps Embed API. Bette über die API-Funktion search eine Karte mit der Basilius-Kathedrale ein.

Fußzeile

- Gib die Gleiche an wie auf der Homepage.

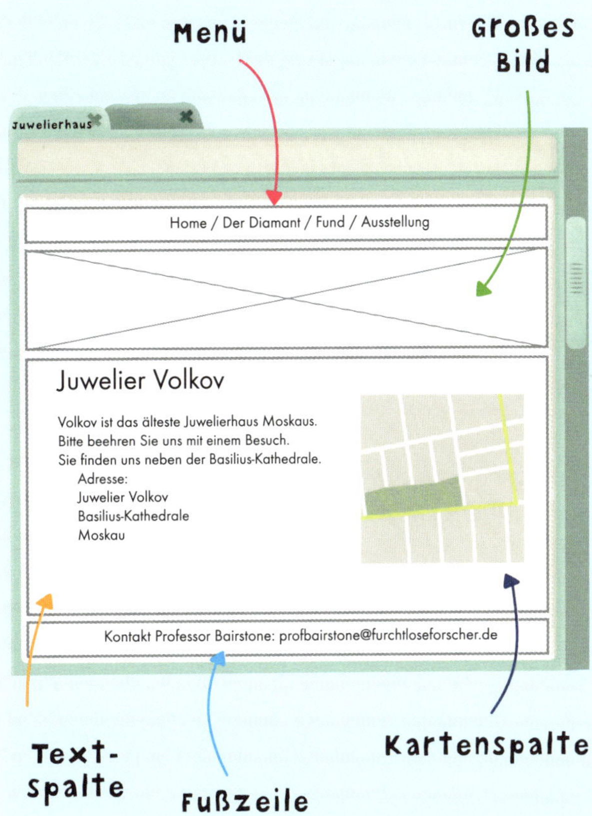

Nachdem du die Seite fertig programmiert hast, speichere die HTML-Seite im Ordner **Coding**. Nenne die Datei **volkov.html**.

DEINE FERTIGE WEBSITE

Nun hast du deine fünf Webseiten erstellt und brauchst nur noch zu prüfen, ob alle Links korrekt sind und die Seiten wie geplant miteinander verbunden sind. Kontrolliere, ob die Menüleiste auf allen Webseiten die korrekten Dateinamen in allen Links trägt. Sind die Links nicht korrekt, funktioniert die Website nicht, und der User kann nicht von einer Seite zur nächsten navigieren. Der Code für jeden Link sieht so aus:

```
<a href="index.html">Home</a>
<a href="diamond.html">Der Diamant</a>
<a href="discovery.html">Fund</a>
<a href="exhibition.html">Ausstellung</a>
<a href="volkov.html">Juwelier Volkov</a>
```

Eigene Wireframes erstellen

Du kannst eigene Wireframes einfach herstellen. Viele nehmen einfach Stift und Papier dafür, vielleicht noch Haftzettel, und halten darauf einen Wireframe fest, um vor dem Programmieren festzulegen, wie die Seite aussehen soll. Das nennt man auch „Papierprototyping". So kannst du schnell mit Layouts experimentieren, bevor du dich ans Programmieren machst.

Wenn du solche Wireframes wie diese hier haben willst, kannst du viele Tools dazu einsetzen. Nimm Microsoft Visio für den PC oder Gliffy und Balsamiq für den Browser. Auf einem Mac kannst du OmniGraffle nehmen. All diese Programme enthalten bereits Grafiken, mit denen du deine Seiten schnell auf einem Computer skizzierst.

CODE-WÖRTER

Ein Prototyp ist die erste Version eines Objekts. Daran kann man sehen, was in späteren Versionen verändert und verbessert werden muss.

Bringe die Website online

Wenn andere deine fertige Website sehen sollen, musst du sie auf einen Webserver hochladen. Am Anfang des Buches haben wir Webserver erwähnt. Dabei handelt es sich um Hard- oder Software, auf denen Websites gespeichert werden, um per Browser darauf zuzugreifen. Damit andere deine Website sehen können, musst du sie auf einem Webserver im Internet hosten. Es ist kompliziert, einen eigenen Webserver einzurichten. Zum Glück gibt es viele Firmen, die den Service anbieten, Dateien zu hosten.

Schon gewusst?

Willst du Dateien hosten lassen, bitte einen Erwachsenen, dir bei der Suche nach Webspace auf einem Server zu helfen. So wie bei einem Google-Konto brauchst du für die Anmeldung ein Mindestalter.

CODE-WÖRTER

Speichert ein Webserver eine Website, damit man mit Browser darauf zugreifen kann, nennt man das „Hosten". Eine gehostete Datei auf einem Server hat wie alle anderen Websites im Netz eine URL (Webadresse).

Suchst du einen kostenlosen Webserver, findest du davon eine Menge im Internet. Suche einfach nach „Webhosting kostenlos". Manchmal hast du zusammen mit deinem Internetzugang auch Webspace. Wenn du einen Webhost gefunden hast, musst du deine Dateien auf den Server laden. Lies die Anweisungen und Nutzungsbedinungen deines Webhosts.

WAS NOCH?

MEHR CODING FÜR DICH

In den sechs Missionen hast du nicht nur den Mönchsdiamanten vor den Gebrüdern Bond bewahrt, sondern auch viel über HTML, CSS und JavaScript gelernt. Du hast eine Webseite geschrieben, ein Passwort erstellt, eine webbasierte App gebaut, eine Route geplant und mit sehr kompliziertem Code sogar ein Spiel erstellt. Nun kannst du zu deinen Erfolgen auch eine Website zählen. Herzlichen Glückwunsch!

Wir hoffen, dass du mit *Get Coding!* gelernt hast, wie spannend und interessant Programmieren ist. Du hast bemerkenswert viele neue Code-Skills gelernt und eigene spannende Projekte verwirklicht. Und es gibt noch viel, viel mehr zu lernen. Wenn das Schreiben von HTML und CSS dir Spaß gemacht hat, gibt es noch viele andere HTML-Tags und CSS-Attribute, über die du auf vielen exzellenten Websites im Internet mehr erfährst.

Auf der deutschsprachigen Site W3Schools HTML (**www.w3schools.com/html**) bekommst du viele Beispiele, um dein Wissen zu vergrößern und noch tollere Websites zu verwirklichen.

Wenn dir das Programmieren mit JavaScript gefallen hat, kannst du deine Skills online noch weiter ausbauen. Besuche dazu Websites wie **http://www.rhirte.de/javascript/home.htm**.

Oder du kannst auch neue Sprachen lernen, um Programme zu coden, die ohne Browser laufen. Probiere es doch mal mit C#, Java oder Ruby! Vielleicht hast du Lust, deinen eigenen Webserver aufzusetzen? Besuche doch mal **https://code.org/learn**, dort bekommst du eine Menge Ideen.

Vergiss aber auf keinen Fall, bei uns, Young Rewired State, einzutreten. Wir helfen dir, deine Code-Skills weiterzuentwickeln, damit du der zukünftige Technologiestar wirst!

Die Programmier-Missionen waren ein großer Erfolg. Nun entscheidest du, wie es für dich weitergeht.

Komm zu Young Rewired State

Wenn du bei uns eintrittst, triffst du gleichgesinnte Leute und Experten bei kostenlosen Events in aller Welt wie z. B. unserem Festival of Code. Bei uns lernst du, wie du Apps, Websites und Algorithmen schreibst, und lässt dich inspirieren, um mit deinen Skills echte Herausforderungen zu lösen.

Young Rewired State_

Mehr über Young Rewired State:
www.yrs.io

INDEX

<!DOCTYPE html>
<html>
<head>
<title>Der
Mönchsdiamant
</title>
</head>
<body>
Gestohlener Diamant
wiedergefunden!
<script>
var diamond = 300;
alert(diamond);
</script>
</body>
</html>

Mit Dank an David Whitney,
Ruth Nicholls, Emma Mulqueeny
und die Botschafter von
Young Rewired State:
Alexander Craggs, Michael Cullum,
Chloe Gutteridge, Ross Kelso,
Stephen Mount, James Thompson,
Hugh Wells

Titel der Originalausgabe: Get Coding! Learn HTML, CSS & JavaScript & build a website, app & game

Erschienen 2016 bei Walker Books Ltd., Großbritannien

Text von David Whitney

Deutsche Erstausgabe
Published by arrangement with Walker Books Limited, London SE11 5HJ

Ein Unternehmen der La Martinière Groupe

Umschlagadaption: Leonore Höfer, Knesebeck Verlag
Übersetzung: Jürgen Dubau, Freiburg/Elbe
Lektorat: Beate Bücheleres-Rieppel
Satz: Weiß-Freiburg GmbH – Graphik & Buchgestaltung
Printed in Lithuania

ISBN 978-3-95728-043-5

www.knesebeck-verlag.de